東日本大震災合同調査報告

Report on the Great East Japan Earthquake Disaster

土木編 2
土木構造物の津波被害と復旧

Civil Engineering Part 2
Damage to Civil Engineering Structures from Tsunami and Restoration

東日本大震災合同調査報告書編集委員会
Joint Editorial Committee for the Report on the Great East Japan Earthquake Disaster

土 木 学 会
日 本 機 械 学 会
日 本 原 子 力 学 会
日 本 建 築 学 会
日 本 地 震 学 会
日 本 地 震 工 学 会
地 盤 工 学 会
日 本 都 市 計 画 学 会

序

　日本はアジアの東端，太平洋の西端に位置し，周囲を海に囲まれた，南北に連なる美しい島国である．山地が多く，国土の3分の2は森におおわれ，多くの湖があり100本以上の急峻な川にはきれいな水が流れ，四季の変化があり，素晴らしい自然に恵まれた国といえる．一方，世界の大きな地震の10%以上は日本及びその周辺で起き，大津波に襲われ，毎年のように大きな台風や冬の豪雪に襲われるなど，自然の猛威の厳しい国でもある．

　この地に日本人は暮らし，自然への尊敬と畏怖の気持ちを持ち，互いを思いつつ暮らす心を培ってきた．明治の開国を機に，我が国は欧米の文明・科学・技術を導入し発展させ，先進国として世界を率いるまでに成長してきた．

　大きな地震はいつかどこかを襲うとほとんどの人々は考えていたが，津波の恐ろしさを指摘する専門家は一部であり，この声は人々に伝わっていなかった．非常に辛いことであるが，2011年3月11日に起きた東日本大震災では，青森県から宮城県の三陸海岸，そして仙台の南の平野で多くのまちや村が大津波の大災害を受けた．警察庁（2014年10月10日）の報告によると，1万5889人の尊い命が奪われ，2598人の方々が行方不明といわれる．福島県では原子力発電所の事故が起き，広範囲に広がった放射能の除染作業が続き，放射能汚染水の処理対策，燃料の取り出しなど，廃炉に向けた難しい作業が続けられている．

　人や社会は遠くで起きたこと，遠い昔に起きたことなど，体験していないことへの想いは薄い．数十年後，数百年後に日本のどこかを襲うといわれる大地震や大津波は，事実，東日本を襲ったが，明日にも次の大地震・大津波が日本のどこかを襲うかも知れない．しかし，人々は今を生き活動することに懸命である．専門家や研究者が同じように，遠い過去から未来へと繰返される自然や地球の動きを忘れることは許されない．さらに，科学・技術への過信，驕りはあってはならず，寺田寅彦が指摘していたように，文明の進化が災害を激化することを忘れてはならない．

　地震や津波に対して安全で人々が安心して暮らすことのできる社会を目指して研究・技術開発を進め，これらの知見を蓄積し，日本を形造ってきた地盤工学会，土木学会，日本機械学会，日本建築学会，日本原子力学会，日本地震学会，日本地震工学会および日本都市計画学会の8学会は協力して，東日本大震災の合同調査報告をここに出版することになった．

　地球の歴史，地球の営みに比べ人類の歴史は非常に短く小さいが，我々は基本的に言葉を持ち，文字を持っている．それぞれの時代に起きたことを文字や写真を用いて書物に残し，後世の人々に伝えることが重要である．これらの貴重な情報は後世の人々にだけでなく，国内の各地域，そして世界の国々に伝えることができる．

　この合同調査報告は上記の8学会の会員・委員・事務局の努力によって纏められた東日本大震災の貴重な合同調査報告である．執筆に携われた多くの方々のご尽力に感謝致します．この合同調査報告が多くの関係者，あとに続く人々に読まれ，参考にしていただき，次に大地震や大津波に襲われる国内外の地域の人々に警告を与え，防災・減災の対策に努めて欲しい．明日起こるか，数十年，数百年後に起こるかもしれない大地震・大津波によって，次に同じ災害が起こらないことを祈る．

2014年11月
東日本大震災合同調査報告書編集委員会

委員長　和田　章

東日本大震災合同調査報告書編集委員会

委員長	和田　章	（東京工業大学名誉教授，日本建築学会）
副委員長	川島一彦	（東京工業大学名誉教授，日本地震工学会）
委　員	日下部治	（茨城工業高等専門学校校長，地盤工学会）
委　員	末岡　徹	（大成建設（株）土木本部技術顧問，地盤工学会）
委　員	岸田隆夫	（地盤工学会専務理事，地盤工学会，2013年1月10日～）
委　員	阪田憲次	（岡山大学名誉教授，土木学会）
委　員	佐藤愼司	（東京大学教授，土木学会）
委　員	白鳥正樹	（横浜国立大学名誉教授，日本機械学会）
委　員	中村いずみ	（防災科学技術研究所主任研究員，日本機械学会）
委　員	長谷見雄二	（早稲田大学教授，日本建築学会）
委　員	壁谷澤寿海	（東京大学地震研究所教授，日本建築学会，2013年4月1日～）
委　員	平石久廣	（明治大学教授，日本建築学会，～2013年3月31日）
委　員	平野光将	（元東京都市大学特認教授，日本原子力学会）
委　員	田所敬一	（名古屋大学准教授，日本地震学会）
委　員	岩田知孝	（京都大学防災研究所教授，日本地震学会）
委　員	若松加寿江	（関東学院大学教授，日本地震工学会）
委　員	本田利器	（東京大学教授，日本地震工学会）
委　員	高田毅士	（東京大学教授，日本地震工学会）
委　員	後藤春彦	（早稲田大学教授，日本都市計画学会、～2014年10月9日）
委　員	竹内直文	（（株）日建設計顧問，日本都市計画学会）
委　員	中井検裕	（東京工業大学教授，日本都市計画学会、2014年10月9日～）

（学会名アイウエオ順）

まえがき

　2011年3月11日午後2時46分頃発生した，マグニチュード9.0の地震とそれに伴う巨大な津波が東北地方から関東地方にかけての広い地域を襲った．土木学会は，発災後直ちに，会長を委員長とする「東日本大震災特別委員会」を設置した．特別委員会は，東日本大震災の全体を，緊急に，そして正確に把握し，土木学会の災害復興への貢献度を高めるとともに，関係者が問題意識および情報を共有し，土木学会が有する英知を結集することを目的とするものである．

　東日本大震災は，今までに例を見ない特徴を有するものである．すなわち，広域，大規模，壊滅的地域の存在，津波による甚大な被害，そして原子力発電所事故による状況の悪化である．発災後2年半が過ぎた現在，死者，行方不明者および関連死認定者の合計は2万人を超え，伊勢湾台風や阪神・淡路大震災をはるかに越える，戦後最悪，古今未曾有の災害である．家を失い，あるいは原発事故による強制退去等により，避難を余儀なくされている人は，約32万人といわれている．

　土木学会は，発災直後に，第一次総合調査団を，日本都市計画学会および地盤工学会の協力の下に，被災地に派遣した．その後も引き続き調査団を派遣したが，各研究委員会および支部等の調査団による独自の調査も実施されており，現在もまだ，一部の調査は継続されている状態である．それらの膨大な調査結果は，土木学会ホームページの特別サイトに保存されるとともに，報告書としてまとめられ，特別に開催されたシンポジウムや全国大会の全体討論会で論じられ，国際会議を通じて海外にも発信されている．また，発災直後より，各種の提言を発出し，国の防災政策に取り入れられるとともに，政策実現ための社会基盤整備にも活かされている．

　東日本大震災とその被害調査，研究によって，われわれが学んだことは多い．それらについては，本報告書において，詳細に述べられている．それらの知見を総合して得られた教訓は，われわれが予測しえない巨大地震および津波が，今後も，いつかは分からないが，必ず襲来するということである．それらへの備えとして，東日本大震災の被害状況を分析および評価し，ハード対策とソフト対策とを組み合わせた総合的な対策を，関係する専門家の英知を結集して構築する必要があるということ，すなわち，減災の思想である．本報告書は，2011年3月11日に，東北において何が起こったのか，すなわち，東日本大震災の全容を明らかにしたものである．土木学会およびその構成員のみならず，多くの人が，この報告書から，何を学び，何を後に伝えるか，そして何をなすべきか，何ができるかを考えることは，来るべき巨大地震・津波に備えることにつながるものと確信する．

　瓦礫が累々と積もる狼藉の被災地に立った，あの早春の日の，深い悲しみと喪失感を胸に抱きつつ，強い使命感を持って，一字一句綴られた，佐藤慎司幹事長をはじめとする委員および執筆者各位に，満腔の敬意と深甚なる感謝の意を表す．

2014年4月
土木学会
東日本大震災調査報告書編纂委員会

委員長　阪田　憲次

土木学会
東日本大震災調査報告書編纂委員会

委員長	阪田　憲次	岡山大学名誉教授
委員長補佐	家田　仁	東京大学教授
副委員長	川島　一彦	東京工業大学名誉教授
副委員長	岸井　隆幸	日本大学教授
副委員長	日下部　治	茨城工業高等専門学校校長
副委員長	丸山　久一	長岡技術科学大学教授
幹事長	佐藤　愼司	東京大学教授
委員	今村　文彦	東北大学教授
委員	大村　達夫	東北大学教授
委員	小川　篤生	大成建設（株）執行役員
委員	小澤　一雅	東京大学教授
委員	菊池　喜昭	東京理科大学教授
委員	小長井一男	横浜国立大学教授
委員	小林　潔司	京都大学教授
委員	故・佐伯　光昭	（株）エイト日本技術開発最高顧問
委員	柴山　知也	早稲田大学教授
委員	高島　賢二	新潟工科大学特任教授
委員	高野　伸栄	北海道大学准教授
委員	寶　　馨	京都大学教授
委員	東畑　郁生	東京大学教授
委員	当麻　純一	（一財）電力中央研究所参事
委員	二羽淳一郎	東京工業大学教授
委員	野崎　秀則	（株）オリエンタルコンサルタンツ代表取締役社長
委員	日野　伸一	九州大学副学長
委員	間瀬　肇	京都大学教授
委員	目黒　公郎	東京大学教授
委員	山﨑　隆司	ジェイアール東日本コンサルタンツ（株）代表取締役社長
委員	山田　晴利	（財）道路管理センター常務理事
委員	吉田　明	大成建設(株)技術顧問
委員兼幹事	大友　敬三	（一財）電力中央研究所研究参事
委員兼幹事	大原　美保	東京大学准教授
委員兼幹事	奥村　誠	東北大学教授
委員兼幹事	鍬田　泰子	神戸大学准教授
委員兼幹事	越村　俊一	東北大学教授
委員兼幹事	古関　潤一	東京大学教授

委員兼幹事	髙橋　良和	京都大学准教授
委員兼幹事	永井　孝弥	東日本旅客鉄道（株）総合企画本部復興企画部課長
委員兼幹事	野田　徹	国土交通省北陸地方整備局局長
委員兼幹事	福士　謙介	東京大学教授
委員兼幹事	細田　暁	横浜国立大学准教授
委員兼幹事	本田　利器	東京大学教授

（アイウエオ順）

はじめに

　2011年3月11日に発生した東北地方太平洋沖地震は，東北から関東にかけての東日本一帯に甚大な被害をもたらした．戦後の我が国の発展により，東日本一帯にも多くのインフラが整備され，人々を安全から守り，社会活動を支えていた．しかし，今回の津波により，港湾・海岸構造物，橋梁，土構造物，河川構造物，下水道施設等のインフラで著しい被害が生じた．我が国が初めて経験する規模の広域での被害となった．東日本大震災から4年が経過したが，広域での甚大な災害であったため，いまだに復旧，復興への努力が懸命に続けられている最中である．我が国土は，東北地方に限らず，津波に襲われる可能性のある沿岸部が多い．したがって，東日本大震災での被害の状況，被害の原因，復旧状況等を適切に記録に残すことは，将来に我が国土に生じ得る被害を軽減する国土強靱化の観点からも極めて意義の大きいことであると言える．

　本編（土木構造物の津波被害と復旧）は，インフラの種類ごとに，被害状況，被害の原因，復旧の方針や復旧状況などについて取りまとめたものである．基本的には，実際の復旧の陣頭指揮に当たった部署に取りまとめていただいた．特に，第3章では，橋梁構造物について詳細な分析結果を記載した．250以上もの橋梁で上部工等の流失が生じた事態を受けて，土木学会コンクリート委員会に設置された「津波による橋梁構造物に及ぼす波力の評価に関する調査研究委員会」の成果に基づいて記載した．2004年のスマトラ沖地震も含む過去の津波による被害をまとめ，今回の津波による橋梁の被害については，被害の詳細な原因分析の結果もまとめられている．

　多くの犠牲者に報いるためにも，本報告書を含む被害分析の結果等が，土木構造物の設計，施工，既設構造物の補修・補強等に適切にフィードバックがなされ，我が国土が一層強靱となることが重要であり，本報告書がその一助となることを祈念する．

2015年3月
土木編2　土木構造物の津波被害と復旧

統括　細田　暁

東日本大震災合同調査報告
土木編2　土木構造物の津波被害と復旧　編集委員会

第1章
　細田　暁（横浜国立大学）

第2章
　国土交通省　東北地方整備局　港湾空港部

第3章
　丸山　久一（長岡技術科学大学，3.1，3.8）
　細田　暁（横浜国立大学，3.2.1，3.3.3，3.5.8）
　幸左　賢二（九州工業大学，3.2.2，3.4，3.5.6，3.6）
　田中　泰司（東京大学生産技術研究所，3.2.3，3.3.1，3.5.5，3.5.7，3.5.9，3.7）
　藤原　寅士良（東日本旅客鉄道（株），3.3.2）
　有川　太郎（（独）港湾空港技術研究所，3.5.1）
　水谷　法美（名古屋大学，3.5.2）
　米山　望（京都大学防災研究所，3.5.3）
　鈴木　崇之（横浜国立大学，3.5.4）

第4章
　国土交通省　東北地方整備局　道路部（4.2，4.3）
　藤原　寅士良（東日本旅客鉄道（株），4.4）

第5章
　国土交通省　東北地方整備局　河川部

第6章
　国土交通省　東北地方整備局　企画部

第7章
　細田　暁（横浜国立大学）

東日本大震災合同調査報告
土木編2　土木構造物の津波被害と復旧

目　次

第1章　はじめに ……………………………………………………………………………………… 1
第2章　港湾・海岸構造物 …………………………………………………………………………… 2
　2.1　はじめに ………………………………………………………………………………………… 2
　　2.1.1　東北地方における港湾の被災状況 ……………………………………………………… 2
　　2.1.2　港湾の津波被害の概要 …………………………………………………………………… 2
　　2.1.3　防波堤の被災状況 ………………………………………………………………………… 2
　　2.1.4　岸壁の被災状況 …………………………………………………………………………… 3
　　2.1.5　水域施設の被災状況 ……………………………………………………………………… 4
　2.2　航路啓開作業 …………………………………………………………………………………… 5
　　2.2.1　啓開作業の概要 …………………………………………………………………………… 5
　　2.2.2　各港の啓開作業のあらまし ……………………………………………………………… 5
　　2.2.3　今後の課題 ………………………………………………………………………………… 6
　2.3　港湾の復旧・復興方針 ………………………………………………………………………… 7
　　2.3.1　各港復興会議での産業・物流復興プランの策定 ……………………………………… 7
　　2.3.2　東北港湾の復旧・復興基本方針検討委員会 …………………………………………… 7
　　2.3.3　東北港湾における津波・震災対策技術検討委員会 …………………………………… 8
　2.4　港湾の復旧 ……………………………………………………………………………………… 9
　　2.4.1　災害査定のための調査 …………………………………………………………………… 9
　　2.4.2　応急復旧工事 ……………………………………………………………………………… 9
　　2.4.3　港湾施設の復旧 …………………………………………………………………………… 9
　　2.4.4　復旧に向けた対応 ………………………………………………………………………… 11
　2.5　物流への影響と回復 …………………………………………………………………………… 12
　　2.5.1　物流全般の状況 …………………………………………………………………………… 12
　　2.5.2　定期航路への影響 ………………………………………………………………………… 12
　　2.5.3　企業活動への影響 ………………………………………………………………………… 12
　2.6　災害に強い港湾を目指して …………………………………………………………………… 13
　　2.6.1　港湾施設の強化 …………………………………………………………………………… 13
　　2.6.2　津波防災支援システムの改良 …………………………………………………………… 14
　　2.6.3　災害時における港湾の機能継続のための体制強化 …………………………………… 14
　2.7　おわりに ………………………………………………………………………………………… 15

第3章　橋梁構造物 ·· 16
 3.1　はじめに ··· 16
 3.2　津波による構造物の被害に関する既往の検討結果 ·· 17
  3.2.1　過去の津波による被害 ··· 17
  3.2.2　2004年のスマトラ沖地震に伴う津波による被害 ····································· 18
  3.2.3　2011年の東北地方太平洋沖地震に伴う津波被害を受けた橋梁のβ値 ········· 28
 3.3　津波による橋梁の被害の調査結果 ··· 41
  3.3.1　2011年の東北太平洋沖地震による津波による橋梁被害 ··················· 41
  3.3.2　鉄道橋（JR東日本エリア）の被害状況 ·· 69
  3.3.3　道路橋の被害状況 ··· 76
 3.4　橋梁被害の生じた主な流域での映像解析と遡上解析 ·· 83
  3.4.1　映像解析 ·· 83
  3.4.2　数値解析 ·· 87
 3.5　橋梁の被害原因の検討 ··· 91
  3.5.1　津波を受けるPCT桁橋の安定性に関する実験と解析による検討 ············· 91
  3.5.2　橋桁への作用津波力と橋桁の流出限界に関する実験的研究 ··················· 98
  3.5.3　津波による橋梁被災解析への三次元流体解析手法の適用性検討 ············ 104
  3.5.4　数値波動水路を用いた橋桁流出危険度判定法の検討 ··························· 111
  3.5.5　津波によりPCT桁橋梁に作用する流体力の解析的検討 ······················· 112
  3.5.6　津波による橋梁への水平作用力に関する実験的検討 ··························· 119
  3.5.7　津波によって道路橋上部構造に生じる波力の実験および再現解析 ········· 133
  3.5.8　応用要素法による支承部を詳細にモデル化した橋梁の破壊解析 ············ 140
  3.5.9　CFDによる橋桁に作用する津波波力の検討 ····································· 148
 3.6　東北地方太平洋沖地震による流域ごとの橋梁の被害メカニズムの分析 ········· 153
  3.6.1　志津川流域 ·· 153
  3.6.2　津谷川流域 ·· 161
  3.6.3　陸前高田 ··· 178
  3.6.4　歌津大橋 ··· 182
 3.7　橋梁の津波抵抗性の指標の検討 ·· 187
  3.7.1　波力の評価方法 ·· 187
  3.7.2　安全率による津波抵抗性の評価 ··· 187
 3.8　おわりに ··· 189
第4章　土構造物 ··· 190
 4.1　はじめに ·· 190
 4.2　直轄国道の被災状況 ·· 190
 4.3　道路の被災と応急復旧の状況 ··· 191
  4.3.1　地震動による被害の事例と復旧 ··· 191
  4.3.2　津波による被害の事例と復旧 ·· 192
  4.3.3　道路土構造物の被災と復旧に関するまとめ ····································· 193
 4.4　JR東日本における土構造物の被害 ··· 194

  4.4.1 代表的被害例 ··· 194
  4.4.2 応急復旧、補修・補強方針について ································· 198
  4.4.3 被災規模と津波高さとの関係 ··· 198
  4.4.4 JR東日本の盛土構造物の津波による被害のまとめ ············· 199
第5章 河川構造物 ··· 200
 5.1 地震の概要 ··· 200
 5.2 地震および津波による被害の概要 ··· 201
  5.2.1 一般被害 ··· 201
  5.2.2 河川管理施設の被害 ··· 201
 5.3 被災した堤防の応急復旧・緊急復旧 ····································· 202
 5.4 地震による堤防被災の特徴 ··· 204
  5.4.1 地震による堤防被災の実態把握（概要） ··························· 204
  5.4.2 堤防被災箇所と基礎地盤微地形 ··· 204
  5.4.3 堤体及び基礎地盤の土質特性と地下水位 ··························· 204
  5.4.4 基礎地盤の強度及び圧密特性 ··· 205
  5.4.5 堤防開削調査により明らかとなった被災堤防の特徴 ········· 205
  5.4.6 堤防被災の主要因 ··· 206
  5.4.7 本復旧の基本方針 ··· 206
 5.5 津波による堤防被災 ··· 207
  5.5.1 津波の遡上 ··· 207
  5.5.2 津波による堤防被災の実態と特徴 ····································· 208
  5.5.3 対策の考え方と基本方針 ··· 209
  5.5.4 本復旧に当たって ··· 209
 5.6 おわりに ··· 210
第6章 下水道施設 ··· 211
 6.1 はじめに ··· 211
 6.2 下水道施設の被災状況 ··· 211
  6.2.1 東北地方の下水道施設の被害状況 ····································· 211
  6.2.2 仙台市施設の被害状況 ··· 211
 6.3 仙台市下水道震災復興推進計画 ··· 211
  6.3.1 計画の基本方針 ··· 211
  6.3.2 南蒲生浄化センターの復旧方針 ··· 212
  6.3.3 段階的水質向上に向けて ··· 213
  6.3.4 環境に優しい処理場を目指して ··· 215
 6.4 おわりに ··· 216
第7章 おわりに ··· 217

第1章 はじめに

平成23（2011）年3月11日14時46分に発生した東北地方太平洋沖地震は，いわゆる東日本大震災を引き起こし，東北から関東にかけての東日本一帯に甚大な被害をもたらした．太平洋プレートと北アメリカプレートの境界域で生じた海溝型地震であり，日本で観測史上最大のマグニチュード9.0の巨大地震であった．地震に伴って発生した津波により，人的，物的な被害は著しいものとなった．土木構造物も津波で多大な被害を受けた．

戦後の我が国の発展により，東日本一帯にも多くのインフラが整備され，人々を安全から守り，社会活動を支えていた．しかし，今回の津波により，港湾・海岸構造物，橋梁構造物，土構造物，河川構造物，下水道施設等のインフラで著しい被害が生じた．これだけの広域に渡ってのインフラの被害は，我が国が初めて経験するものである．例えば橋梁については，数多くの橋梁が津波により流失したが，橋桁の津波作用に対する抵抗性は，構造物の設計では検討されていない状況であった．我が国土は，東北地方に限らず，津波に襲われる可能性のある沿岸部が多い．したがって，今回の津波による被害の状況，被害の原因，復旧状況等を適切に記録に残すことは，我が国土に将来生じ得る被害を軽減する観点からも極めて意義のあることである．

本報告書では，インフラの種類ごとに，被害状況，被害の原因，復旧の方針や復旧状況などについて取りまとめた．

第2章では，港湾の被災状況と被害のメカニズム，航路の啓開作業，港湾の復旧の方針と状況，港湾の復興の方針，港湾構造物の被災が物流に与えた影響とその回復状況，そして災害に強い港湾のあり方が，東北地方整備局により取りまとめられた．

第3章では，橋梁構造物について記載されている．250以上もの橋梁で上部工等の流失が生じた事態を受けて，土木学会コンクリート委員会に平成23（2011）年8月に設置された「津波による橋梁構造物に及ぼす波力の評価に関する調査研究委員会」の成果に基づいて記載した．2004年のスマトラ沖地震も含んで過去の津波による被害をまとめ，今回の津波による橋梁の被害の調査結果，橋梁被害の生じた主な流域での津波の流速に関する分析，橋梁の被害原因の検討，流域ごとの橋梁の被害メカニズムの分析結果等がまとめられている．

第4章では，東北地方整備局の管理する道路施設における盛土，切土の土構造物の津波被害と復旧について，また，JR東日本管内の太平洋沿岸に位置する八戸線・山田線・大船渡線・気仙沼線・仙石線の5線区における鉄道盛土について代表的な被害と，応急復旧，補修・補強方針についてとりまとめた．

第5章では，東北地方整備局が管理する河川管理施設の被災状況，津波による堤防被災の実態・特徴，復旧の方針等がまとめられている．

第6章では，下水道施設について記載されている．東北地方の下水道施設の被災状況，仙台市の施設の被災状況，仙台市の施設の復旧の詳細について，仙台市からの多大なご協力もいただいて，東北地方整備局により取りまとめられた．

広域での甚大な災害であるために，いまだに復旧，復興への努力が懸命に続けられている最中であるが，本報告書が我が国土の強靱化に少しでも貢献するものとなることを祈念する．

概要版
以降は本編（CD-ROMに収録）をご覧ください

第2章 港湾・海岸構造物

2.1 東北地方における港湾の被災状況

2.1.1 港湾の被災概況

平成23年東北地方太平洋沖地震により，壊滅的な被害を受けた東北地方の太平洋沿岸の港湾は，表-2.1.1のとおりである．

地震の発生により，地震の原因とも言える地殻変動によって，最大で1.2mに及ぶ地盤沈下を生じていることが事後の調査で判明した．この地盤沈下が津波被害をより深刻化したであろうし，地震・津波の被害を免れた港湾施設等に天端高さの不足という問題を生じさせた．

この地震に起因する大津波の発生により，津波が来襲した各港の海域では，小型船舶，養殖筏などが散乱・漂流し，更に陸上にあったコンテナ，自動車，住宅の木質瓦礫などが大量に流出した．軽いものは漂流物となり，重いものは海底に沈降して，ともに船舶の安全航行を脅かした．また，港外への避難が遅れた大型船舶が港湾内に座礁し，船舶航行の大きな障害となり，更に津波によって陸上まで打ち上げられた船舶も数多くあった．

2.1.2 港湾の津波被害の概要

港湾は海と陸との結節点であり，港湾には船舶で大量の貨物を安全に運ぶための防波堤や岸壁，荷役機械といった重要なインフラがある．港湾背後には，そのターミナル機能を形成していることから，津波によって浸水が発生すると甚大な被害をもたらすことになる．

各港に来襲した津波の概要を表-2.1.2に示す．

なお，港湾関係施設の被災箇所数は表-2.1.3のとおりであり，被害総額は3,405億円に上った．

2.1.3 防波堤の被災状況

今回の大津波により，港湾施設には今まで想定されなかった被害が確認された．防波堤は，設計外力を超える津波の来襲によって数多く被災した．八戸港北防波堤は延長3,500mのうち，1,428mのケーソンが倒壊した．久慈港の湾口防波堤は残ったが堤体が沈下した．大船渡港

表-2.1.1 東北太平洋沿岸の被災港湾一覧

県 名	国際拠点港湾 重要港湾	地方港湾
青森県	八戸	
岩手県	久慈、宮古、釜石、大船渡	八木、小本
宮城県	仙台塩釜（仙台港区、塩釜港区、松島港区、石巻港区）	御崎、気仙沼、雄勝、女川、金華山、荻浜、表浜
福島県	相馬、小名浜	久之浜、江名、中之作、翁島

表-2.1.2 各港に来襲した津波の概要

港 名	GPS波浪計による沖合観測値		各港浸水高 (m)	遡上高 (m)	各港所在市町村毎の浸水面積(km2)
	時刻	最大波(m)			
八戸	青森県東岸沖 欠測		5.4～8.4		9
久慈	岩手県北部沖 15:19	約4.0	8.2～8.7	13.4	4
宮古	岩手県中部沖 15:12	約6.3	8.7～10.4	7.3～16.7	10
釜石	岩手県南部沖 15:12	約6.7	6.6～9.1		7
大船渡	宮城県北部沖 15:14	約5.7	9.5	11.0～23.6	8
石巻	宮城県中部沖		3.3～5.0		73
仙台塩釜	—	約5.6	4.2～14.5	9.9	31
相馬	福島県沖		10.1～10.4	11.8	29
小名浜	15:15	約2.6	3.7～5.4		15

表-2.1.3 施設区分毎の被災箇所数（災害査定ベース）

施設区分	直轄	補助
水域施設	3	31
外郭施設	30	159
係留施設	29	181
臨港交通施設	—	136
廃棄物処理施設	—	3
緑地（環境関連）	—	59

写真-2.1.1 震災直後の仙台塩釜港高砂コンテナターミナル

写真-2.1.2 釜石港湾口防波堤の被災状況

第2章 港湾・海岸構造物

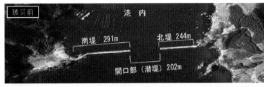

写真-2.1.3 大船渡港湾口防波堤の被災状況（被災前後）

の湾口防波堤はマウンドの一部を残して全壊した．釜石港の湾口防波堤も北・南堤1,660mのうち，約420mを残して大半が傾斜・倒壊した．仙台塩釜港石巻港区の南防波堤は，堤体及び消波工が沈下した．仙台港区の防波堤は比較的損傷が少なかったが，C防波堤は灯台を設置している防波堤先端部が大きく航路に向かって傾斜した．福島県内では，相馬港沖防波堤が全体の約9割のケーソンが滑動・倒壊したが，小名浜港の防波堤は堤体及び消波工の沈下以外に，防波堤の損傷は比較的軽微であった．甚大な被害を受けた大船渡港湾口防波堤の被災状況を写真-2.1.3に示す．

整理した写真や動画映像から，津波被災時の防波堤倒壊や破壊に至る過程を確認した．沖合の防波堤では衝撃的な波浪外力と違って，津波による急激な水位上昇による防波堤内外の水圧差が堤体に働くとともに，水位上昇による浮力増大が防波堤堤体の抵抗力を弱めているように見えた．これは倒壊した防波堤堤体の安定性試算結果からも概ね裏付けられた．

また，ナローマルチビームによる海底の測量結果からは，防波堤周辺の海底やマウンドなどが深くえぐり取られていることがわかった．水位差に伴う早い流れが防波堤端部で収斂して海底をえぐり，また，防波堤を越える大量の海水による滝のような流れが防波堤背後のマウンドを破壊し，堅牢であると思われていたケーソンの足下を崩したことも，防波堤の被災を深刻なものとした主な要因であると考えられる．東北地方整備局で分類・整理した津波による防波堤の被災メカニズムは表-2.1.4のとおりである．

堤体が大きく被災した要因の一つは，防波堤の港外側・港内側に生じた大きな水位差による「津波波力型」の被災パターン，もう一つは，防波堤を越流した津波が滝のように流れ落ちて基礎マウンド及び海底面を洗掘する「越流洗掘型」の被災パターンである．

写真-2.1.4に，八戸港北防波堤を倒壊させた津波来襲

表-2.1.4 防波堤の被災メカニズム

防波堤	第一段階（津波波力による堤体倒壊）	第二段階（マウンド洗掘）	
		堤体倒壊	堤体残存
八戸港北防波堤（基部）	→	→	●
八戸港北防波堤（中央部）（残存ケーソン）	→	→	●
八戸港北防波堤（中央部）（倒壊ケーソン）	→	●	
八戸港北防波堤（ハネ）	●		
釜石港湾口防波堤（残存ケーソン）	→	→	●
釜石港湾口防波堤（倒壊ケーソン）	●		
大船渡港湾口防波堤	●		
相馬港沖防波堤	●		

写真-2.1.4 八戸港北防波堤に襲来する津波

の様子を示す．

2.1.4 岸壁の被災状況

船舶が接岸するための岸壁は，多くは直立の壁体を挟んで陸と海とを分けるものである．水平面を形成する施設と比べて垂直面を形成する岸壁構造物は，常時陸側の土圧を受けており，概して地震に対して脆弱である．地震時には水平方向の土圧を増加させ，更に背後地盤が液状化すれば岸壁構造に作用する土圧が更に増加し，構造物の転倒などを招く．しかし，岸壁の耐震補強には多大な費用がかかり，限られた施設を耐震補強しているのが現状である．今回は，地震の規模から被災全港湾において甚大な岸壁被害が発生したと当初は考えられたが，実際には異なる様相を呈していた．

津波警報解除後の測量調査では，地震動による液状化，構造物の倒壊被害は，仙台港区の一部，相馬港及び小名

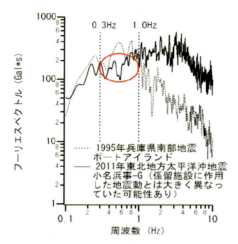

図-2.1.1 小名浜港の地震動スペクトル

写真-2.1.5 液状化による噴砂状況（小名浜港3号ふ頭）

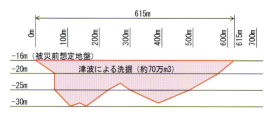

図-2.1.2 八戸港防波堤間航路の洗掘状況

浜港と管内の南側に集中していた．これは，岸壁構造物に影響が大きいと思われている0.3～1ヘルツの周波数帯のエネルギーが北部では小さく，仙台以南で大きかったためと考えられている（図-2.1.1参照）（高橋重雄ら，2011）．

一方，海底地形などの調査結果では，津波による岸壁などの構造物前面の局所的な洗掘が基部安定を損ねたと考えられる事例が多く見受けられた．また，液状化現象も当然生じたであろうし，津波による急激な水位変動によって，岸壁壁体を挟む過大な水圧差が働くことで舗装面への揚圧力が発生したことも推察される（津波により，液状化土砂の噴出痕の多くが洗われた）．また，岸壁構造物の前面変位，背後の地盤陥没，液状化による地盤沈

下の発生も考えられる．地震と津波の相互作用による岸壁構造の詳細の影響分析については今後も検証が必要だが，地震・津波によって被災各港の岸壁に様々な様態の被害が生じている．加えて，破壊を免れた岸壁等でも広域的な地盤沈下によって満潮時には冠水するなどの問題が生じたため，沈下した多くの施設で岸壁及び背後のかさ上げが必要となった．

また，コンテナクレーンやバルク貨物のアンローダーなどの荷役機械にも甚大な被害を生じた．地震動による荷役機械本体の倒壊，或いは荷役機械脚部が座屈，岸壁構造本体の変形による荷役機械のレール間隔のズレや脚部の変形も生じた．また，津波は荷役機械の倒壊，流出も生じさせた．あわせて，海水の浸水により電気系統や機械系統にも障害を引き起こした．更に，地震発生直後の停電の影響も無視できないものであった．荷役作業中の停電により荷役機械が停止し，クレーンの昇降エレベーターも止まった結果，船舶の港外避難やクレーンオペレーターの避難にも影響が生じたのである．

臨海部に位置する上屋，倉庫なども地震・津波によって壊滅的な被害を受けた．倉庫を含む建屋は一定の耐震性を有していたものの，そもそも津波外力を全く想定していないため，津波が直撃した施設の被害は甚大であった．特に，鉄骨構造は壁体が津波で抜け落ちるといった被害が目立った．これは津波に加え，漂流した船舶や木材との衝突による作用が要因と推察される．

津波に見舞われた地域では，様々な瓦礫や海底ヘドロが地面を覆い，これらの除去処理が復旧・復興の第一歩として施設の復旧に合わせて鋭意進められ，水深4.5m以深の公共岸壁299施設（地方港湾含む）のうち，平成25年12月現在の利用可能岸壁は285岸壁となっている．

参考文献

高橋重雄ら，2011年東日本大震災による港湾・海岸・空港の地震・津波被害に関する調査速報,港空研資料No.1231

2.1.5 水域施設の被災状況

津波は航路や泊地といった水域施設にも大きな被害をもたらした．初期段階では流出した自動車やコンテナ等が海底面に沈み，木材等の軽い物は海面に漂流して船舶航行の障害となったため，これらを撤去すべく作業船による航路啓開を実施した．航路啓開後，ナローマルチビームによる航路・泊地の被害調査結果で，海底面の洗掘や土砂の移動によって航路・泊地の一部に船舶航行に支障を来す状況が確認された．

八戸港では，八太郎地区の航路泊地に約72万m³の土

砂が堆積，広範囲に埋没し所要水深が一部確保できなくなった．更に，防波堤間の航路においては，津波の強い流れによる大規模な洗掘現象が発生し，現地盤の水深が-16m 程度の海底面が一部で-30m 程度まで洗掘された．このような異常に深い洗掘箇所は，波高増大や防波堤堤頭部の安定に影響を及ぼす可能性があるため浚渫土砂を活用して埋めることとした（**図**-2.1.2 参照）．

2.2 航路啓開作業
2.2.1 啓開作業の概要

東日本大震災の翌日には，「災害時における東北地方整備局管轄区域の災害応急対策業務に関する協定」に基づいて，（社）日本埋立浚渫協会東北支部に対し，津波被害を受けた太平洋沿岸港湾の八戸港，久慈港，宮古港，釜石港，大船渡港，仙台塩釜港石巻港区，仙台塩釜港塩釜港区，仙台塩釜港仙台港区，相馬港，小名浜港の 8 港（10 港区）に緊急物資輸送船を入港させるための港湾啓開作業を緊急要請し，各港毎に体制が整い次第順次，啓開作業を進めることとした．

同協会は直ちに起重機船団の在港状況を調べ，各港への配船計画を立て，各船団に回航を指示した．各船団は，港内浮遊物等の除去後，ナローマルチビームによる水深と海底異常物の位置測量，海底異常物の揚収を行い，救援物資輸送船の航路を確保することとした．また，震災後はガソリン等の燃油調達が逼迫したことから，オイルタンクが使用可能と確認できた八戸港，塩釜港区，小名浜港の石油基地へのタンカー入港のための啓開作業も並行して急いだ．

各港湾への緊急物資輸送船の第 1 船入港日と平成 23 年 3 月末までの入港隻数は**表**-2.2.1 のとおりである．

2.2.2 各港の啓開作業のあらまし

宮古港では，緊急物資や重油を輸送する大型浚渫兼油回収船「白山」の入港のため，藤原地区の啓開が急務だ

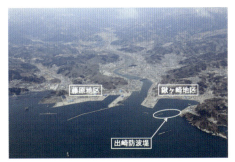

写真-2.2.1 宮古港全景

写真-2.2.2 震災後の状況（宮古港藤原地区）

写真-2.2.3 揚収作業状況 （釜石港）

った．藤原地区は，背後地に仮置中の木材が港内に流出し漁網に絡まるなど，浮遊物が多く航行の障害となっており，また，背後の構内道路にも多数の木材等が散乱していた．鍬ヶ崎地区でも水産工場や漁業市場にあった水産用機械や車両などが沈んでおり，漁網も多く浮遊している状況であった．更に出崎防波堤等のケーソンが転倒していた中，起重機船（2 船団），ガット船（1 隻）に同港に精通した職員を配置した．シルトプロテクターにより浮遊物を封じ込め，風による浮遊物の拡散移動防止を図り，作業通路を確保しながら浮遊物の撤去を進めた．異常点の撤去では，潜水士が異常物の確認を行ったが，海水が濁っていたため手探り状態で確認しなければならない状況にあった．

表-2.2.1 各港湾における緊急物資輸送の状況

港 名	緊急物資輸送船の入港	3月31日までの入港隻数
八戸港	3月19日	27隻
久慈港	3月26日	3隻
宮古港	3月16日	14隻
釜石港	3月16日	19隻
大船渡港	3月23日	2隻
仙台塩釜港石巻港区	3月23日	13隻
仙台塩釜港塩釜港区	3月21日	29隻
仙台塩釜港仙台港区	3月17日	17隻
相馬港	3月20日	3隻
小名浜港	3月18日	16隻

概要版
以降は本編（CD-ROMに収録）をご覧ください

第3章 橋梁構造物

3.1 はじめに

　平成23（2011）年3月11日に発生した東北地方太平洋沖地震は，マグニチュード（Mw）9.0というわが国およびその近海で発生した地震としては観測史上最大規模のものであった．地震によって引き起こされた巨大津波が東北地方沿岸を襲い，多くの犠牲者を出すとともに，福島第一原子力発電所の機能不全により多量に放出された放射性物質のため，避難を余儀なくされた住民が多数に上った．平成25（2013）年6月10日現在で，震災により亡くなった方は15,883名，行方不明の方2,671名と報じられている．本報告をまとめる上で，これらの方々のご冥福をお祈りする．

　さて，この巨大地震の最初の震源は牡鹿半島の東南東130kmと推定されているが，東西200km，南北500kmの広大な領域でプレートがずれ，強い地震動の継続時間は2～3分と非常に長かった．速度応答スペクトル解析によると，強い揺れの成分は，平成7（1995）年に発生した兵庫県南部地震に比べて短周期で卓越しており，このことと耐震設計および耐震補強技術の進歩とが相俟って，構造物において地震被害が少なかったものと考えられる．その一方で，巨大な津波は，東北地方から関東地方の太平洋沿岸を襲い，青森県の南部から千葉県の北部に及ぶ500kmを超える範囲で防波堤，護岸などの港湾構造物および橋梁構造物が被災した．

　発災以降，土木学会の各調査研究委員会は，国土交通省をはじめとする関係各機関の協力を得ながら，積極的に調査活動を進めた．国土交通省東北地方整備局の精力的な活動，特に，櫛の歯作戦と呼ばれる道路の啓開活動により，広範囲にわたる支援ルートが確保され，調査活動も広範囲に可能となったが，至るところで橋梁の流失が生じていて，大きな迂回を余儀なくされていた．道路橋や鉄道橋，鋼橋やコンクリート橋を問わず，多数の橋桁が流失していて，橋脚の破壊や転倒も見られた．

　これまでも，国内で河川の洪水や津波による橋梁の被害は生じていたが，洪水や津波の影響範囲が狭い場合には，流失した橋梁の数は少なく，掛替えをするだけで，洪水や津波の力を評価して新たな対策をするまでには至っていなかったと思われる．橋脚に及ぼす流体力の評価や洗掘に対する対策は規・基準および示方書等で示されているが，桁の流失については明確な記述がされていない．

　わが国で津波による橋梁の被害調査と分析を本格的に始めたのは，平成16(2004)年のスマトラ地震による橋梁の津波被害調査を行った九州工業大学の幸左賢二先生である．橋梁の被災分析に加え，水理実験等を行って，津波を受けた際に橋梁に作用する力に関する研究をしている．ただ，被災が外国であるため，その規模や重要性が国内の関係者にとって実感として湧かなかったこともあり，大きなインパクトを与えるまでには至らなかった．

　今回の東日本大震災では，青森県南部から千葉県北部にかけての広範囲に亘って多数の橋桁の流失が見られたこと，近未来に東海および東南海地域に巨大地震および津波の発生が予想されることから，新設の橋梁の耐津波設計だけでなく，既存の橋梁の耐津波性能の評価および補強技術も喫緊の課題として認識されるようになった．そこで，土木学会コンクリート委員会では，「津波による橋梁構造物に及ぼす波力の評価に関する調査研究委員会」を設置し，平成23（2011）年7月から活動を開始した．

　この活動の目的を達成するためには，広範囲の専門家の協力が必要である．コンクリートに関する専門家の他に，海岸工学の専門家，橋梁工学・構造工学の専門家等に参加してもらうこととした．職域としても，国土交通省をはじめとする管理者側の技術者・研究者，橋梁の設計や施工を専門とする企業の技術者および大学等の研究機関の研究者を考慮して委員を選定した．

　活動内容の概要をまとめると以下のようである．

（1）調査対象橋梁は，津波で浸水した領域にある全橋梁とした．橋桁が流失した橋梁のみならず，被災のない橋梁も詳細な調査をすることとした．調査手段として，インターネットによる衛星写真をフルに活用し，航空写真を補完とした．また，橋梁の詳細図等を国土交通省，当該県，JR東日本旅客鉄道株式会社の協力を得て入手した．津波の遡上解析のために，津波の浸水域に関する地形図を国土地理院から入手した．これらのデータはデータベースとしてまとめて整理し，必要に応じて引き出せるようにした．

（2）詳細は以下の章にまとめられているが，津波浸水域にある橋梁は1,793橋で，流失等被災した橋梁は252橋である．最初に，橋梁の流失の可否に関する分析として，橋梁の特性をパラメータとして

行った．ただ，津波の地域特性が大きく，有意な差を見つけ出すことはできなかった．
(3) 次の段階として，九州工業大学の幸左博士の提案による判別式（幸左式）を適用して分析を行った．この式でも，津波の流速がパラメータとして含まれている．橋梁位置での津波の流速が得られていない段階では，流速を一定として分析を行った．やはり，津波の流速は重要なパラメータで，全橋梁を対象とすると判別式の精度は高くないが，特定の流域では，津波の流速にそれほど大きな差がないためか，ある程度の評価が可能であることが分かった．
(4) 特定地域では，津波の状況が住民によりデジタルカメラに収録されている．それらを分析して，津波が押し寄せてくる際の津波の高さ変化と津波の流速の変化を明らかにすることができた．今後，津波の遡上解析と橋桁に作用する際の流速の関係式を導く際に有力な資料となる．
(5) 海岸工学が専門の委員は，種々の水理実験により，橋桁の流失に関する要因を明らかにするとともに，シミュレーション技術の開発も行った．橋桁の断面形状によっては，浮力が大きくなることを明らかにするとともに，水深が一定の流れよりも孤立波の襲来により橋桁に揚力が発生することも明らかになった．

多様な職域の委員，多様な専門の委員からなる本委員会は，必要な資料の特定，資料の収集が迅速にでき，資料の分析，新たな水理実験およびシミュレーション技術の開発等，多彩な活動が行われた．その内容を以下の節で詳述する．

3.2 津波による構造物の被害に関する既往の検討結果

3.2.1 過去の津波による被害

津波による橋梁の被害は，2011年の東日本大震災，2004年のスマトラ地震より以前にも生じている．しかし，これらの二つの大津波においては，非常に広域での大津波であったことと，橋梁を含めたインフラの整備が進んだ現代に発生した大津波であったことにより，おびただしい数の橋梁が被害を受けたと言える．今後は，世界中でインフラの整備が進んでいる現状をみると，津波による構造物の被害はより深刻になると思われる．被害の原因を適切に分析し，被害を軽減するための設計法や補強法にフィードバックする必要がある．2004年よりも前の津波による陸上交通障害については既報により報告がなされており（首藤，1997），ここでは，この報告の中から橋梁に関する被害についてまとめる．

1933年（昭和8年）3月3日の昭和三陸大津波における道路等の被害についての調査結果（松尾，1933）によると，道路は倒壊家屋および漂流物で路面を塞がれたものが多く，海岸に沿った盛土の道路および海岸の桟道で洗い流されたものがわずかにあった，とのことである．橋梁は津波により破壊されることは少ないが，漂流船舶等の激突のために橋脚を折られたり，上部桁を運び去られたものが多い，とのことである．

1946年（昭和21年）12月21日の南海地震でも，橋梁の被害についての調査結果がある（四手井，1948）．「建築物以外の工作物でも，木橋の大部分の流失は，矢張り土砂，丸太等の流失物が川沿いに上下した為と判断せられるものが多く，此の点洪水による橋梁の流失が矢張り同様の原因による事が多いのと同様である．串本袋でコンクリート橋の一部が下流20米の所へ流されて，沈没していたのを見たが，之は橋脚と橋桁の接続が不完全であったので，地震により上部のみが幾分移動して，之が引潮により引きはづされたのではないかと考えられた．又鉄道線路の土堤が所々破壊して居たが，之は大部分土石のみの工作物で，而も新しく張芝等も未だ十分に出来ていないもので，地震に弛んだ上に，浸水により崩壊したものであろう．」

1960年（昭和35年）5月22日に発生したチリ地震により，土木構造物でも多くの被害が生じた．被害の調査報告[4]によると，橋梁の被害が10件報告されており，3件が大船渡市，2件が釜石市，2件が大槌町，1件が山田町，1件が田老町，2件が三陸村で発生している．「鉄道軌条は枕木をつけると10m当りの重量1.1t，浮力は0.9t，少しの波の圧力にも容易に動かされる」と記述されている．「線路が河川を横切る所で，止めてあるボールトを切って鉄橋の転落した個所がある．築堤のこの部分での流失は著しく，1か所を除いては山側の被害は大きい．これは越流の際と，引潮のとき橋脚を目がけて集る流れによる洗掘の作用と考えられる．コンクリート脚壁の破損したものとある．」と記述されている．1960年の津波では，全国各地で橋梁の被害が生じたようである．北海道釧路，青森県，岩手県，宮城県，三重県，奄美大島，沖縄県などで橋梁の流失や漂流物の衝突による橋梁の被害が生じている．

1960年の記録を境として，橋梁の種類に区別があり，それ以前は特別な記述がない限り木橋であるが，1960

年チリ地震の時は木橋，鉄筋コンクリート橋が混在し，それ以降は特別な記述がない限り鉄筋コンクリート橋と見なしてほぼ間違いない，とのことである（小川，1962）．

1983年（昭和58年）の日本海中部地震では，東北地方で21の道路橋の流失があったと報告されている．

橋梁の被害の原因としては，水流の直接的影響による流失，漂流物による破損，橋脚・橋台の倒壊・破損が挙げられる，とされている．

参考文献

小川博三：第3節 綜合研究，チリ地震津波1960 大船渡災害誌論説編，岩手県大船渡市，pp.289-306，1962.

四手井綱英，渡辺隆司：昭和21年南海地震に於ける和歌山県防潮林効果調査，林業試験集報，57，pp.98-133，1948.

首藤伸夫：津波来襲直後の陸上交通障害について，津波工学研究報告第14号，pp.1-31，1997.

松尾春雄：三陸津浪調査報告，土木試験所報告，第24号，pp.1-30，1933.

3.2.2 2004年のスマトラ沖地震に伴う津波による被害
(1) 調査目的

インドネシア・スマトラ島北西沖のインド洋で発生した地震により，巨大津波が発生した．この津波により，建築物ばかりでなく，社会基盤施設である橋梁が完全に流失する等，甚大な被害が多数発生した（国際協力機構社会開発部，2005）．現在までに，多くの現地調査が行われているが，バンダアチェに近接した狭い地域での調査が大半を占め，津波によるスマトラ島西海岸の広域調査は少なく，橋梁と津波の相関関係に着目した研究は未だ十分と言い難い．

本調査では，津波による橋梁の損傷状況を明らかにし，橋梁の津波による被害現象について検討することを目的とし以下に示す検討を行った．

本検討では，現地調査の被害分析と簡易式を用いた詳細調査を行っている．まず，現地調査の被害分析では，過去4回の被害調査において確認できた41橋中26橋を対象とし，それらを損傷程度，構造種別により分類し，各部材による損傷度の違いについて検討した．

次いで，詳細調査では，41橋中18橋を対象とし，津波作用力と桁抵抗力の比を示す簡易式を用いて津波による構造物損傷度との関係を評価した．

(2) 調査概要

図-3.2.1に橋梁の調査対象区間及び調査位置を示す．調査対象区間はバンダアチェからムラボー間の約250kmである．バンダアチェからムラボー間は海岸線に沿って北スマトラ西岸道路で結ばれている．そこで，西岸道路を車で移動し，目視により調査区間内で41橋の橋梁を確認した．調査で確認した41橋の構造形式の内訳はPC桁が8橋，RC桁が9橋，鋼I桁が2橋，鋼トラス桁が11橋，ボックスカルバートが3橋，流失により構造形式不明が8橋である．橋梁周辺では，橋梁の撮影を行い，外観，寸法，損傷状況について調査を行った．

(3) 橋梁被害分析
 a) 調査手法

図-3.2.2に分析の流れを示す．図-3.2.2に示すように，目視により確認できた41橋から損傷度を判別し，分析を行う．被害判定について説明する．ここでは41橋の

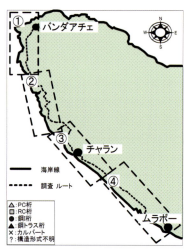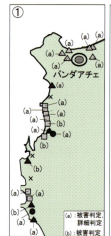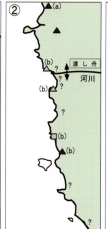

図-3.2.1 橋梁の調査対象区間及び調査位置

第3章 橋梁構造物

表-3.2.1 調査により目視した橋梁41橋

No.	詳細調査No.	橋梁種別	径間数	損傷ランク 上部工	損傷ランク 下部工	損傷ランク 土工部	橋長(m)	桁長(m)	幅員(m)	構造高(m)	トラス高(m)
1	1	PC桁	3	B	B	B	68.6	22.9	7.2	1.5	
2	2	PC桁	1	B	B	B	26.8	26.8	5.3	1.4	
3	3	PC桁	1	C	C	C	30.0	30.0	8.0	1.5	
4	4	PC桁	10	A	A	A	304.5	30.5	2.8	1.7	
5	5	PC桁	2	C	B	A	47.9	23.9	2.8	1.7	
6	6	PC桁	2	B	C	B	50.8	25.4	7.2	1.5	
7	15	鋼トラス桁	2	A	B	A	69.4	34.7	7.0	−	4.0
8		カルバート	1	C	C	C	10.2	10.2	7.8	−	
9	7	RC桁	2	C	B	B	26.2	13.1	7.7	1.2	
10	8	RC桁	1	C	C	C	3.0	3.0	6.3	0.4	
11	9	RC桁	1	C	C	C	3.0	3.0	7.0	0.4	
12	10	RC桁	1	C	C	C	3.0	3.0	5.8	0.4	
13		RC桁	1	A	B	B	25.0	25.0	7.0	0.2	
14	16	鋼トラス桁	1	A	B	B	62.0	62.0	7.0	0.4	6.9
15	13	鋼I桁	1	A	B	B	19.0	19.0	7.0	1.2	
16		RC桁	2	A	A	A	40.0	20.0	7.0	0.5	
17		カルバート	1	C	C	C	9.0	9.0	7.6	−	
18		鋼トラス桁	1	A	B	A	35.0	35.0	6.0	0.3	
19		カルバート	1	C	C	C	12.0	12.0	7.0	−	
20	11	RC桁	1	B	C	B	19.1	19.1	10.2	1.7	
21	12	RC桁	1	B	C	C	18.0	18.0	7.0	1.5	
22		鋼トラス桁	2	C	C	C	80.0	40.0	7.0	0.4	
23	14	鋼I桁	1	B	C	B	21.1	21.1	7.0	1.45	
24	17	鋼トラス桁	2	C	B	B	83.0	41.5	7.0	0.6	7.0
25	18	鋼トラス桁	1	A	C	C	35.0	35.0	6.0	0.3	4.8
26		鋼トラス桁	1	C	C	C	35.0	35.0	6.0	0.4	
27		PCI桁	6	A	A	A	192.0	32.0	6.0	0.5	
28		不明		A	※	※	※	※	※	※	
29		不明		※	A	B	※	※	※	※	
30		不明		※	A	B	A	※	※	※	※
31		PCI桁	3	A	A	A	96.0	32.0	6.0	0.4	
32		不明		※	A	B	※	※	※	※	
33		RCスラブ	1	A	C	B	6.5	6.5	6.8	0.4	
34		鋼トラス桁	1	A	B	B	61.0	61.0	6.0	0.4	
35		鋼トラス桁	1	A	B	B	45.0	45.0	6.0	0.3	
36		鋼トラス桁	2	B	B	※	80.0	40.0	6.0	※	
37		不明		※	A	B	A	※	※	※	※
38		不明		※	A	A	B	※	※	※	※
39		鋼トラス桁	2	A	B	B	110.0	55.0	6.0	※	
40		鋼トラス桁	3	C	C	C	※	※	※	※	
41		鋼トラス桁	1	A	B	A	※	※	※	※	

土木編2　土木構造物の津波被害と復旧

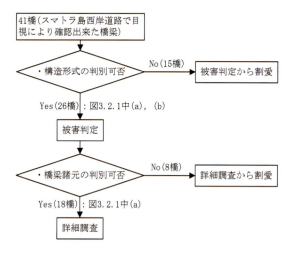

図-3.2.2　分析の流れ

表-3.2.2　損傷ランク判定

損傷ランク	上部構造	下部構造	土工部
A	桁流失等により使用不可能	橋脚流失等により使用不可能	盛土流失等により使用不可能
B	桁移動しているが使用可能	橋脚破壊しているが使用可能	盛土破壊しているが人・車は通行可能
C	部分的損傷	部分的損傷	部分的損傷

うち，調査写真及び衛星写真で橋梁種別，損傷状況の判別が可能である26橋を対象とし被害判定を行った．この26橋の構造諸元の内訳はPC桁8橋，RC桁9橋，鋼I桁2橋，鋼トラス桁7橋である．

詳細調査について説明する．ここでは，被害判定を行った26橋のうち，寸法等の構造諸元が判別できる18橋について津波作用力と桁抵抗力の比を用いて評価した．流失した橋梁については，流失後の橋梁写真により寸法を測り判定している．詳細調査を行った18橋の構造諸元の内訳は，PC桁6橋，RC桁6橋，鋼I桁2橋，鋼トラス桁4橋である．なお，詳細については後述する3.2.4項に記す．

b)　判定手法

損傷ランク判定について説明する．判定は橋梁の使用可否に着目し，表3.2.2に示すように定義した．上部工を例に判定基準を示す．上部工の判定は桁の移動の有無に着目し分析した．損傷ランクAは上部工が下部工から完全に離脱し使用不可能な橋梁，損傷ランクBは桁移動しているが使用可能な橋梁，損傷ランクCは部分的損傷である橋梁とした．

c)　調査結果

図3.2.3に部材別損傷ランクを示す．調査橋梁を上部構造，下部構造，土工部に分類し，各部材別に損傷ランクと基数を整理した．図3.2.3より，上部工は，損傷ランクAが26橋中13橋と50％を占める．一方，下部構造は損傷ランクAが4橋，土工部は損傷ランクAが7橋となり，損傷ランクAの比率がそれぞれ15％，26％となる．このことより，津波による被害程度は上部工が最も大きいことが分かる．

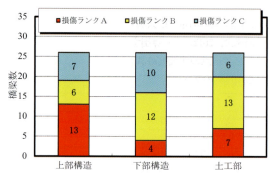

図-3.2.3　部材別損傷ランク

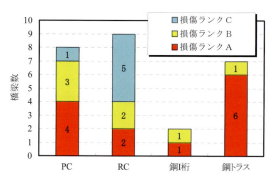

図-3.2.4　橋梁種別による上部構造損傷ランク

図-3.2.4に橋梁種別と上部工の損傷ランクを示す．橋梁種別の内訳はPC桁が8橋，RC桁が9橋，鋼I桁が2橋，鋼トラス桁が7橋である．この中で，鋼トラス桁は7橋中6橋と86％が桁流失した損傷ランクAである．一方，PC桁の桁流失した損傷ランクAは4橋，RC桁は2橋，鋼I桁は1橋であり，損傷ランクAの比率は，PC桁が50％，RC桁が22％，鋼I桁が50％となる．このことから，鋼トラス桁の損傷ランクは他橋梁種別に比べて特徴的である．

(4) 桁抵抗力作用力比を用いた評価
a) 桁抵抗力作用力比の算定手法

桁移動有無の簡易判定式を用いて，橋梁種別による津波被害程度の分析を行う．本項目では，一定の流速値の仮定を用いて，津波作用力と桁抵抗力の比を求めた．すなわち，流速を一定とすることにより，構造物自身が有する津波作用力，抵抗特性に着目した分析を行っている．具体的には，41橋のうち，断面形状が判断できる被害調査橋梁18橋に対して，その桁への津波作用力，桁抵抗力を算定し，桁移動の有無を判定する．詳細調査を行った18橋の構造諸元を表-3.2.3にまとめる．表-3.2.3中に示す「F」，「W」，「S」，「β」，「deg」については後述する．

桁に作用する力は式(3.2.1)を用いて算定する．式中の抗力係数は，後述のように道路橋示方書（社団法人日本道路協会，2012）より算出する．また，津波高については，当該地点の津波痕跡調査（藤間，2007）より3.0mから20.1mの高さに津波痕があり，その高さにかなりの違いが認められる．このような違いは海岸線の地形との関係による影響が大きいと考えられる．既往の津波高と流速の関係については，松冨らの提案式（松冨，1998）もあるが，今回のような巨大津波の場合では津波高と流速の比例関係については必ずしも明確ではない．一方，スマトラ島のバンダアチェ近郊の数箇所で撮影された映像を用いて，流木等の移動速度から判断すると，いずれも津波流速は5.0m/sであったとの報告を踏まえ，ここではすべてのケースに対して流速5.0m/sの一定値を採用した．

$$F = \frac{1}{2}\rho_w C_d v^2 A \qquad (3.2.1)$$

ここに，ρ_w：水の密度(1,030kg/m^3)，C_d：抗力係数，v：水の流速(5.0m/sと仮定)，A：被圧面積(m^2)

津波に対する桁の抵抗力は式(3.2.2)に示すように摩擦係数と上部工重量の積で表される．式(3.2.2)におけるμについては後述のように0.6を採用する．抵抗力側には，厳密には浮力および上揚力の影響を考慮する必要があるが，津波形状や桁形状が影響する等，複雑な評価を必要とするため，ここでは簡便のため考慮していない．

$$S = \mu \cdot W \qquad (3.2.2)$$

ここに，μ：摩擦係数(0.6)，W：上部構造重量(kN)

以上より，桁抵抗力を津波作用力で除す式(3.2.3)に基づき，桁抵抗力津波作用力比(β)を求め，桁移動発生の有無を判定する．ここで，桁抵抗力津波作用力比(β)が大きい場合，桁の抵抗力が大きく，移動しにくい橋梁であることを意味する．

$$\beta = \frac{S}{F} \qquad (3.2.3)$$

表-3.2.3 構造諸元一覧(18橋)

No.	構造種別	径間数	損傷ランク 上部構造	損傷ランク 下部構造	損傷ランク 土工部	床版厚(m)	橋長(m)	桁長(m)	幅員(m)	構造高(m)	トラス高(m)	津波高(m)	抗力係数	F(kN)	W(kN)	S(kN)	β	deg(°)
1	PC桁	3	B	B	B	0.2	68.6	22.9	7.2	1.5		12.0	1.7	694.1	2369.9	1421.9	2.0	86
2	PC桁	1	B	B	B	0.3	26.8	26.8	5.3	1.4		4.7	1.7	807.4	2021.1	1212.7	1.5	
3	PC桁	1	C	C	C	0.2	30.0	30.0	8.0	1.5		3.0	1.6	881.3	3457.2	2074.3	2.4	
4	PC桁	10	A	A	A	0.3	304.5	30.5	2.8	1.7		7.1	1.9	1252.3	1566.2	941.5	0.8	90
5	PC桁	2	C	B	A	0.3	47.9	23.9	2.8	1.7		7.1	1.9	983.9	1229.7	737.8	0.9	90
6	PC桁	2	C	C	B	0.2	50.8	25.4	7.2	1.5		5.0	1.6	801.5	2239.8	1343.9	1.7	
7	RC桁	2	B	C	B	0.5	26.2	13.1	7.7	1.2		20.1	1.4	295.5	1648.4	989.0	3.3	82
8	RC桁	1	C	C	C	0.2	3.0	3.0	6.3	0.4			1.4	20.1	92.6	55.6	2.8	86
9	RC桁	1	C	C	C	0.2	3.0	3.0	7.0	0.4			1.4	20.4	102.9	61.7	3.0	87
10	RC桁	1	C	C	C	0.2	3.0	3.0	5.8	0.4			1.4	20.4	85.3	51.2	2.5	
11	RC桁	1	B	B	B	0.2	19.1	19.1	10.2	1.7		9.5	1.5	625.7	2761.3	1656.8	2.6	80
12	RC桁	1	C	C	C	0.2	18.0	18.0	7.0	1.2			1.6	551.3	1815.0	1089.0	2.0	0
13	鋼I桁	1	A	B	B	0.2	19.0	19.0	7.0	1.2		7.8	1.5	432.3	1169.9	702.0	1.6	
14	鋼I桁	1	B	B	B	0.2	21.1	21.1	7.0	1.5		13.6	1.4	566.1	1378.7	827.2	1.5	90
15	鋼トラス桁	2	A	B	A	0.2	69.4	34.7	7.0		4.0	18.4	2.2	1537.5	1868.6	1121.2	0.7	84
16	鋼トラス桁	1	A	B	A	0.2	62.0	62.0	7.0		6.9	7.8	2.8	4542.3	3594.0	2156.4	0.5	
17	鋼トラス桁	2	C	B	B	0.2	83.0	41.5	7.0		7.0		2.8	3099.0	2249.1	1349.5	0.4	0
18	鋼トラス桁	1	A	C	C	0.2	35.0	35.0	6.0		4.8	2.3	1777.3	1667.0	1000.2	0.6	90

※1 F:津波作用力
※2 W:橋梁重量
※3 S:桁抵抗力
※4 β:桁抵抗力津波作用力比
※5 deg:津波進行方向に対する設置角度

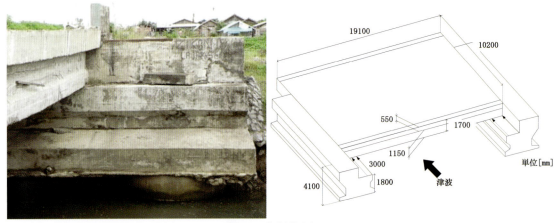

図-3.2.5 代表橋梁図(No.11)

図-3.2.5 に示す No.11 (Lueng Ie 橋) を用いて，津波作用力，桁抵抗力，桁抵抗力津波作用力比(β)の算定例を示す．No.11 は，桁長 19.1m，幅員 10.2m，床版厚 0.55m，桁高 1.15m の RC 桁橋である．被圧面積は，構造高（床版厚＋桁高）と桁長の積であり 32.4m² となる．道路橋示方書（社団法人日本道路協会，2012）より幅員と構造高を用いて抗力係数を求めると 1.5 となり，式(3.2.1)を用いて津波作用力を求めると 625.7kN となる．次いで，被害調査より得た橋梁の寸法から概略算定した上部工体積とコンクリートの単位体積重量の積である重量 W が 2761.3kN であることから，式(3.2.2)を用いて桁抵抗力を求めると，1656.8kN となる．以上より，桁抵抗力津波作用力比(β)は 2.6 となる．本検討手法で算定した 18 橋の β 値の平均は 1.7 である．No.11 橋は津波に対して抵抗が比較的大きい橋梁であることが算定結果より言える．

b) **摩擦係数**

式(3.2.2)における μ には，実橋梁における桁移動現象に着目し，以下のような摩擦係数を提案する．

現地調査（幸左，2007）では，**図-3.2.4** に示すように 6 橋の桁移動した橋梁を確認した．**写真**-3.2.1 に桁面と橋台間の代表的損傷例を示す．**写真**-3.2.1 に示す橋梁では，支承部にゴムパットが設置されていたが，津波により支承が破壊され，桁が橋台上を滑るように移動している．桁移動した他の橋梁の桁面と橋台間の調査を行うと，いずれもコンクリート桁面と橋台間ですべりが発生しており，コンクリート橋台面にはひび割れが発生していない．そのため，コンクリート桁は橋台面を比較的滑らかに滑ったと考えられる．そこで，以下の文献を参考にコンクリート桁面での滑り摩擦係数について考察する．

庄司らは，図 3.2.6 に示すコンクリート製の桁模型について桁移動が発生する角度より橋桁と橋台間の桁移動が生じない限界値である静止摩擦係数を求めている（庄司，2009）．摩擦条件を津波作用時と同様とするために，桁模型とコンクリート板の接触部分は湿潤状態に保ち，大，中，小の模型タイプに対してそれぞれ 10 回ずつ計測を行った．静止摩擦係数の平均値を求めると，大，中，小の模型それぞれの場合において，0.65，0.64，0.62 となっている．

写真-3.2.1 桁面と橋台間の代表的損傷

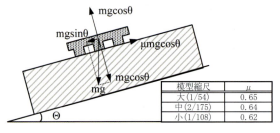

模型縮尺	μ
大 (1/54)	0.65
中 (2/175)	0.64
小 (1/108)	0.62

図-3.2.6 庄司らによる摩擦係数測定方法

Rabbatらは，コンクリート面と鋼板面間のすべり摩擦係数を測定するため，圧縮応力をパラメータとした図3.2.7に示す方法により実験を行った（Rabbat, 1985）．図-3.2.8に実験結果を示す．図-3.2.8より，圧縮応力(0.14,0.41,0.69MPa)及び界面状態(湿潤，乾燥)をパラメータとしているが，摩擦係数はいずれの場合も0.57～0.67程度となっている．

以上の実験結果によると，コンクリート－コンクリート間，コンクリート－鋼板面のいずれにおいても差異は小さく，摩擦係数は0.6程度と見なして良いと考えられる．

表-3.2.4より，平均幅員については橋梁種別で大きな差異はなく，6.0mから7.0m程度で分布する．図-3.2.9に構造形式別重量分布を示す．RC桁は平均桁長が9.9mと短く，平均重量も801kNと小さい．これは，桁長3.0mと非常に小さな床版桁を3橋含むためである．鋼I桁が平均桁長19.8m,平均重量1,240kNであるのに対し，当該地点のPC桁は平均桁長26.2m,平均重量2,148kNと相対的に大きいことが分かる．一方，鋼トラス桁は平均桁長が43.4m,平均重量2,305kNとPC桁と比較しても大きな値となる．橋梁重量は桁長に比例するため，図-3.2.9のような重量分布となった．

表-3.2.4 分析対象橋梁の構造諸元の平均値

	幅員(m)	構造高(m)	桁長(m)	被圧面積(m²)
PC桁	6.0	1.6	26.2	40.6
RC桁	7.3	1.0	9.9	9.9
鋼I桁	6.9	1.3	19.8	25.7
鋼トラス桁	6.8	5.7	43.3	82.1

※鋼トラス桁の構造高は主構高さ

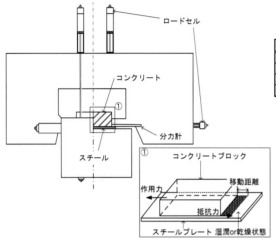

図-3.2.7 Rabbatらによる摩擦係数測定方法

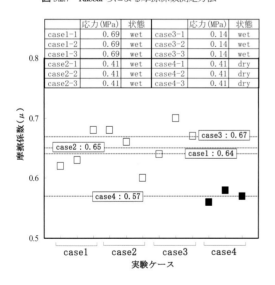

図-3.2.8 Rabbatらの実験結果

c) 桁抵抗力・作用力分布

表-3.2.4に分析対象橋梁の構造諸元の平均値を示す．

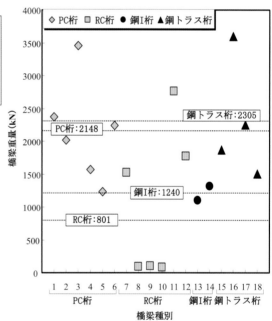

図-3.2.9 構造式別重量分布

図-3.2.10に流速5.0m/sの一定値で求めた構造形式別津波作用力分布を示す．RC桁は桁長が短いため平均被圧面積が9.9m²と小さく，平均津波作用力も178kNと小さい．PC桁の平均被圧面積が40.6m²，平均津波作用力805kN，鋼I桁の平均被圧面積が25.7m²，平均津波作用力496kN,鋼トラス桁の平均被圧面積が82.1m²，平均津波作

用力 2,703kN となる．津波作用力は被圧面積に比例するため，図-3.2.10 のような分布となった．特に，No.16 の鋼トラス桁では桁長が 62m であることから，重量 3,594kN, 津波作用力 4,542kN と極端に大きな値となっている．

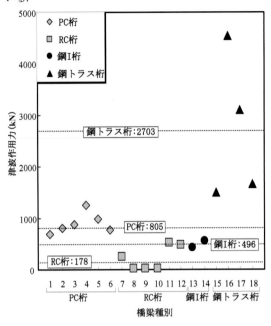

図-3.2.10 構造式別津波作用力分布

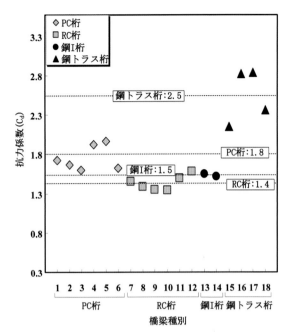

図-3.2.11 構造種別による抗力係数分布

d) 抗力係数分布

本検討での抗力係数は，道路橋示方書（社団法人日本道路協会，2012）に準拠し，桁橋の場合は式(3.2.4)，トラス橋の場合は式(3.2.5)を用いて求めた．

$$C_d = \begin{cases} 2.1 - 0.1(B/D) & 1 \leq B/D < 8 \\ 1.3 & 8 \leq B/D \end{cases} \quad (3.2.4)$$

$$C_d = 1.35/\sqrt{\phi} \quad (0.1 \leq \phi \leq 0.6) \quad (3.2.5)$$

ここに，B:橋の総幅(m)，D：橋の総高(m)，λ：主構高さ(m)，h：弦材高さ(m)

図-3.2.11 に構造種別による抗力係数分布を示す．図-3.2.11 より，RC 桁の平均が 1.4, 鋼I桁の平均が 1.5, PC 桁の平均が 1.8, 鋼トラス桁の平均が 2.5 となり，鋼トラス桁の抗力係数が他橋梁種別に比べ大きな値となる．この要因について考察すると，風等の流体物が物体に作用してその物体を通り抜ける際に，被圧背面側には移動方向への作用力を助長することが知られている．一般的に鋼トラス桁のような 2 主構では，その力が大きく作用し，桁橋に比べ抗力係数が大きくなると考えられる．

e) 橋梁種別による桁抵抗力作用力比分布

図-3.2.12 に流速 5.0m/s の一定値で求めた桁抵抗力津波作用力比分布を示す．図-3.2.12 より，RC 桁の β 値の平均が 2.7, PC 桁の平均が 1.6, 鋼I桁の平均が 1.5, 鋼トラス桁の平均が 0.6 と橋梁種別により β 値として大きな差異を生じている．

β 値の平均が最も大きな 2.7 である RC 桁について，表-3.2.4 を用いて考察する．RC 桁の平均桁長は 9.9m, 平均幅員は 7.3m である．平均桁長を平均幅員で除すことで求めた比は 1.4 であり，PC 桁が 3.4, 鋼I桁が 2.9, 鋼トラス桁が 6.4 である．このことから，本調査の RC 桁は，幅員に対し桁長が短い形式であることが言える．津波作用力は式(3.2.1)より，流速と水の密度は一定値であるため，抗力係数（構造高(主構高さ)と幅員に比例）と被圧面積(桁長×構造高)の関数で評価できる．

桁抵抗力は式(3.2.2)より橋梁重量と一定値である摩擦係数の積で表されている．このうち橋梁重量は桁長，断面積(構造高×幅員に比例)，各部材の単位体積重量の積で表すために，桁抵抗力は幅員，桁長，構造高の関数で評価できると言える．

β 値は式(3.2.2)を式(3.2.1)で除すことで求める．そのため，β 値は構造高 (主構高さ)に反比例し，幅員に比例することが言える．

RC 桁は幅員に対して構造高が低い形状であるため，

抗力係数の平均を求めると 1.4 と小さく，津波作用力は小さくなる．この結果，RC 桁の β 値は更に大きくなる傾向を示すと考えられる．

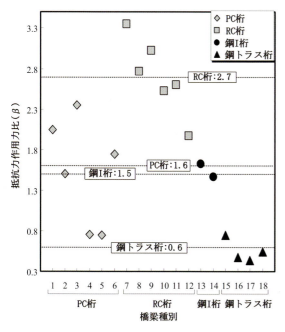

図-3.2.12 桁抵抗津波作用力比分布

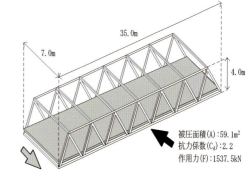

図-3.2.13 鋼トラス桁の代表断面(No.15)

β 値の平均が最も小さな 0.6 である鋼トラス桁について考察する．図-3.2.13 に鋼トラス桁の代表断面を示す．図-3.2.13 に示す橋梁は図-3.2.12 中の No.15 で，構造諸元は桁長 35.0m，幅員 7.0m，トラス高 4.0m，抗力係数 2.2 である．構造諸元より算定した被圧面積は 59.1m² となり，式(3.2.1)より津波作用力を求めると 1,537.5kN となる．次いで，式(3.2.2)より桁抵抗を求めると 1,121.2kN となり，式(3.2.3)から β を求めると 0.7 となる．鋼トラス桁の平均桁長を平均幅員で除することで求める比は 6.4 であり，本調査の鋼トラス桁は幅員に対して桁長が長い形式であることが言える．前述のように，β 値は構造高 (主構高さ) 及び幅員に比例する．式(3.2.5)から鋼トラス桁の抗力係数の平均を求めると 2.5 であり，他橋梁種別と比べ非常に大きい．これは，鋼トラス桁の主構高さの平均が 5.7m であり，弦材高さ (0.4m) に比べ非常に大きいことが要因である．これにより，津波作用力が大きくなる．この結果，鋼トラス桁の β 値は更に小さくなる傾向を示すと考えられる．

f) 実損傷ランクとの比較

図-3.2.14 に橋梁種別ごとの損傷ランクと β 値との関係を示す．β 値と損傷度には相関性があり，損傷ランク A で β の平均値が 0.8，損傷ランク B で 1.9，損傷ランク C で 2.2 となる．各損傷ランク間では，損傷ランク A と損傷ランク B 間で 60%程度，損傷ランク B と損傷ランク C 間で 15%程度の差異がある．また，損傷ランク A と損傷ランク C では 70%程度の差異が発生している．

損傷ランク C は，7 橋のうち 5 橋が β 値 2.3 以上に分布し，橋梁種別で分類すると RC 桁が 57%を占める．前述のように β 値は構造高 (主構高さ) に反比例し，幅員に比例する．RC 桁は幅員に対して構造高が低いため，抗力係数の平均が 1.4 と小さく，津波作用力が小さくなる．これらの影響により β 値が更に大きくなり，損傷ランクは小さくなると考えられる．

損傷ランク A は，5 橋のうち 4 橋が β 値 0.8 以下に分布し，橋梁種別で分類すると鋼トラス桁が 60%を占める．前述のように β 値は構造高 (主構高さ) に反比例し，幅員に比例する．鋼トラス桁の多くは，主構高さが弦材高さを大きく上回るため，抗力係数の平均が 2.5 と他橋梁種別と比べると 1.3 から 1.8 倍程度大きくなり，津波作用力も大きくなる．これらの影響により β 値は更に小さくなり，損傷ランクは大きくなると考えられる．

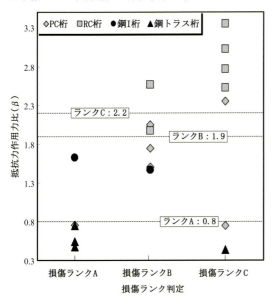

図-3.2.14 損傷ランク判定別のβ分布

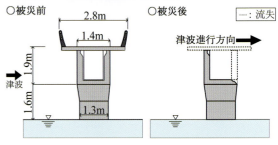

図-3.2.15 代表的損傷ランクA橋梁(No.4)

特に特徴的な桁流失である損傷ランクAの橋梁について図-3.2.15を用いて説明する．図-3.2.15ではPC桁形式でありながら，βが極端に小さくなり，桁流失したNo.4橋梁を示す．本橋梁は長さ20mの歩道橋であるため，幅員が2.8mと通常(6.0m)の半分程度であるため，単位長さあたりの重量が1/2程度となっている．これに対して津波作用力の支配的要因である構造高は1.9mとPC桁の平均(1.6m)より大きくなっている．このため，βが通常の桁に比べて0.7と1/3程度と小さくなり，桁が極めて移動しやすい形状であったと考えられる．

(5) スマトラ島沖地震に伴う津波による被害のまとめ

スマトラ沖地震で発生した津波による橋梁損傷について，現地調査及び分析を実施した結果，以下の知見を得られた．

a) 目視により確認できた41橋から構造種別の判別できた26橋の被害判定を行うと，損傷ランクAは上部工13橋(50%)，下部工4橋(15%)，土工部7橋(27%)であった．このことから，上部工は桁移動という被害を生じやすい特徴があったことが分かる．

b) 損傷ランクAの桁抵抗力を津波作用力で除すことで求める桁抵抗力・津波作用力比(β)の平均は0.8，損傷ランクBの平均は1.9，損傷ランクCの平均は2.2であり，β値と損傷ランクは明確な傾向を示す．また，β値が最も大きい橋梁種別はRC桁(2.7)であり，最も小さい橋梁種別は鋼トラス桁(0.6)である．

c) β値の高いRC桁は幅員に対して構造高が低いため，抗力係数が小さく，津波作用力が小さい．この影響によりβ値は更に大きくなる．β値の低い鋼トラス桁は主構高さが弦材高さを大きく上回るため抗力係数が大きく，津波作用力が大きい．この影響によりβ値は更に小さくなる．

参考文献

幸左賢二，内田悟史，運上茂樹，庄司学：スマトラ地震の津波による橋梁被害分析，土木学会地震工学論文集，pp.895-901，2007.8.

国際協力機構社会開発部：北スマトラ沖地震津波災害緊急復旧・復興プログラム最終報告書，pp.1-50，2005.6.

社団法人日本道路協会：道路橋示方書・同解説Ⅰ共通編，pp.53-63，2012.3.

庄司学，森山哲雄，藤間功司，鴫原良典，笠原健治：単径間橋桁に作用する砕波津波の荷重に関する実験的検討，構造工学論文集，第55巻，pp.460-470，2009.4.

藤間功司，鴫原良典，Charles SHIMAMURA，松冨英夫，榊山勉，辰巳大介，宮島昌克，伯野元彦，竹内幹雄，小野祐輔，幸左賢二，庄司学，田崎賢治：スマトラ北西海岸における2004年インド洋津波の痕跡高分析，土木学会地震工学論文集，pp.874-880，2007.8.

松冨英夫,飯塚秀則：津波の陸上流速とその簡易推定法,土木学会海岸工学論文集,第45巻,pp.361-365, 1998.

Rabbat, B.G and Russell, H.G : Friction coefficient of steel on concrete or grout, J. Struct. Eng., ASCE, Vol.111, No.3, pp.505-515, 1985.

3.2.3 2011年の東北地方太平洋沖地震に伴う津波被害を受けた橋梁のβ値

(1) 調査目的

2011年3月11日14時46分，宮城県牡鹿半島東南東約130km付近を震源とするM9.0の大地震が発生し，これに伴う津波の影響で，東北地方の太平洋沿岸部が壊滅的な被害を受けた．気象庁（2011）の発表によれば岩手県や宮城県で7～12mの津波痕跡高が報告されている．

津波により多数の構造物の流出が発生しており，このうち，橋梁については浸水地域（国土地理院，2011）の橋梁約1,800橋に対して，約250橋の桁流出が確認されているが，約85%の橋梁は桁流出を免れている．

そこで，本検討では橋梁上部構造の桁流出被害発生の有無を支配する要因を明らかにすることを目的とする．現地調査で確認した東北地方沿岸部の浸水域に位置する合計39橋を対象とし，それらの損傷程度を分類した．

次いで，この39橋に対して簡易的な判定指標として提案する桁抵抗力と津波による作用力の比である β 値を用いて津波による構造物の損傷度との関係を評価した．

図-3.2.16 調査対象区間と対象橋梁位置

(2) 調査概要

図-3.2.16に橋梁の調査対象区間並びに調査対象橋梁の位置を示す．

調査対象区間は，東北地方の沿岸部であり，北から南に向かって岩手県上閉伊郡大槌町，釜石市，陸前高田市，宮城県気仙沼市小泉地区，南三陸町歌津地区，志津川地区，石巻市河南町，亘理市，福島県相馬郡新地町の9地区である．

調査で確認した橋梁の一覧を表-3.2.4に示し，図-3.2.17および図-3.2.18に各橋梁の上部構造断面図を示す．調査対象橋梁は道路橋に加えて鉄道橋も含む．構造形式の内訳は道路橋で，PC桁が14橋，RC桁が2橋，鋼桁が7橋，鋼トラス桁が2橋で，鉄道橋ではPC桁が8橋，RC桁が5橋，複合桁が1橋である．

調査では橋梁周辺の撮影を行い，外観，寸法，損傷状況について調査を行うと共に，橋梁管理者へヒアリングを行い，詳細図面を入手した．

(3) 橋梁被害分析

a) 調査手法

今回対象とした合計39橋について，後述する桁抵抗力作用力比 β 値と被害状況との関係を明らかにするために，現地調査において目視で桁損傷度を確認し，被害判定を行った．

b) 橋梁数の定義

分析の対象とした橋梁のうち，道路橋については車両の通行に供する幅員5m以上(対面2車線以上)の橋梁であり，かつ，現地調査で直接目視で確認した橋梁である．橋梁単位は基本的に1橋梁を1橋として計上している．

図-3.2.19は1橋梁の中で異なる桁損傷度が混在する場合や異なる上部構造形式が混在する場合の橋梁数の定義を示している．図中(a)は単純PCポストテンションT桁の2連構造で構成され，桁損傷度はCである．図中(b)は単純PCプレテンションT桁の5連構造で構成され，桁損傷度はAである．このように，同様の桁形式であるが，桁損傷度が異なるため，それぞれで(a)を1橋，(b)を1橋で計上した．

一方，図中(c)は単純PCポストテンションT桁の5連で構成されるが，P7～P10までの3径間は桁損傷度A，残りの2径間は桁損傷度Cであり，同一形式内で異なる桁損傷度が混在する．この場合は桁損傷度の大きい3径間側を代表とし1橋とした．よって，前述の橋数39橋とは，25橋梁39桁であることを示している．

第3章 橋梁構造物

表-3.2.4 調査により確認した橋梁39橋

橋梁No.	位置	対象橋梁	路線名(管理者)	橋梁位置(緯度経度)	図面種類(注1)	対象径間(桁形式)	桁損傷度	桁長 L[m]	橋の総幅 B[m]	橋の総高 D[m]	抗力係数 Cd	上部工重量 W[kN]	水の流速[m/s] v1	水の密度 ρ_w[kg/m³]	摩擦係数 μ	作用力 F[kN]	抵抗力 S1[kN]	抵抗力 S2[kN]	β S/F
1	新地町	小塚橋	相馬亘理線(南相馬市原町)	37°53'31.15"N 140°55'46.87"E	○	2径間目(単純PCプレテンT桁)	A	20.35	8.32	1.70	1.61	1,838	6.00	1030	0.6	1,033	1,103	648	1.07
2		曙橋	相馬亘理線(南相馬市原町)	37°52'49.47"N 140°55'55.66"E	○	1径間目(単純PCポステンT桁)	A	35.50	11.00	2.63	1.68	4,810	6.00	1030	0.6	2,906	2,886	1,696	0.99
3	亘理町	亘理大橋	県道10(宮城県)	38°3'21.68"N 140°54'28.65"E	◎	3td径間目(連続鋼箱桁)	C	210.0	11.5	3.8	1.8	32,002	6.00	1030	0.60	26,592	19,201	13,054	0.72
4	新北上川	新北上大橋	国道398(宮城県)	38°32'48.54"N 141°25'25.19"E	◎	1~2径間目(連続鋼下路トラス桁)	A	155.0	10.7	2.1	1.60 (3.16)	16,300	6.00	1030	0.6	13,469	9,780	7,374	0.73
5						5~7径間目(連続鋼下路トラス桁)	C	255.6	10.7	2.1	1.60 (3.16)	26,900	6.00	1030	0.6	22,211	16,140	12,172	0.73
6		新相川橋	国道399(宮城県)	38°36'10.56"N 141°30'3.40"E	◎	1径間目(単純鋼箱桁)	A	67.20	11.00	3.84	1.81	8,284	6.00	1030	0.6	8,663	4,970	3,413	0.57
7		八幡川橋	JR気仙沼線(JR)	38°40'56.12"N 141°26'38.68"E	◎	1径間目(単純RCI桁)	A	22.9	5.50	2.05	1.83	1,382	6.00	1030	0.6	1,594	829	487	0.52
8						2~3径間目(単純RCI桁)	A	19.80	5.90	2.20	1.83	1,581	6.00	1030	0.6	1,479	949	558	0.64
9						4th径間目(H形桁埋込桁)	A	13.30	5.50	1.32	1.68	1,000	6.00	1030	0.6	548	600	353	1.10
10	志津川	汐見橋	国道45(国)	38°40'34.88"N 141°26'52.37"E	○	3径間目(単純PCプレテンI桁)	C	13.50	11.30	1.37	1.82	2,807	6.00	1030	0.6	444	1,684	990	3.79
11		八幡橋	国道398(宮城県)	38°40'43.23"N 141°26'49.23"E	○	3径間目(単純PCプレテンI桁)	C	11.98	8.20	1.07	1.33	2,575	6.00	1030	0.6	316	1,545	908	4.88
12		水尻川橋	JR気仙沼線(JR)	38°40'26.10"N 141°26'31.40"E	◎	3径間目(単純PCI桁)	A	25.96	5.50	2.10	1.84	1,924	6.00	1030	0.6	1,858	1,154	678	0.62
13		水尻橋	国道45(国)	38°40'24.99"N 141°26'34.70"E	◎	3径間目(上り:単純鋼H桁)	C	11.30	5.85	1.44	1.69	500	6.00	1030	0.6	511	300	190	0.59
14						3径間目(下り:単純RCT桁)	C	11.10	5.75	1.22	1.63	800	6.00	1030	0.6	409	480	282	1.17
15	歌津	歌津大橋	国道45(国)	38°42'58.28"N 141°31'22.15"E	○	1~2径間目(単純PCポステンT桁)	C	40.70	8.30	3.80	1.88	5,700	6.00	1030	0.6	5,395	3,420	2,010	0.63
16						3~7径間目(単純PCプレテンT桁)	A	14.40	8.30	2.35	1.75	1,400	6.00	1030	0.6	1,096	840	494	0.77
17						8~12径間目(単純PCポステンT桁)	A	29.88	8.30	2.52	1.77	3,400	6.00	1030	0.6	2,472	2,040	1,199	0.83
18		伊里前橋	県道230(宮城県)	38°42'52.59"N 141°31'0.47"E	○	2径間目(単純PCプレテンT桁)	C	10.00	7.20	1.17	1.48	970	6.00	1030	0.6	322	582	342	1.81
19		津谷川橋りょう	JR気仙沼線(JR)	38°46'28.73"N 141°29'54.44"E	◎	1径間目(単純PCT桁)	C	35.76	5.50	2.70	1.90	5,294	6.00	1030	0.60	3,395	3,176	1,867	0.94
20						2-6径間目(単純PCT桁)	A	41.00	5.50	3.30	1.93	5,657	6.00	1030	0.60	4,850	3,394	1,995	0.70
21						7径間目(単純PCT桁)	A	22.90	5.50	2.35	1.87	2,167	6.00	1030	0.60	1,862	1,300	764	0.70
22						8-9径間目(単純PCT桁)	C	16.60	5.50	1.75	1.79	1,281	6.00	1030	0.60	962	769	452	0.80
23		外尾川橋	国道45(国)	38°46'4.06"N 141°30'25.36"E	◎	1~4径間目(連続RCホロー桁)	C	59.90	8.80	1.50	1.51	7,700	6.00	1030	0.6	2,521	4,620	2,715	1.83
24		小泉大橋	国道45(国)	38°46'10.90"N 141°30'27.86"E	◎	1~3径間目(連続鋼鈑桁)	A	90.90	11.30	2.56	1.66	10,000	6.00	1030	0.6	7,156	6,000	3,630	0.84
25	津谷川	小泉橋梁	JR気仙沼線(JR)	38°46'5.01"N 141°30'26.34"E	◎	1~2, 4-8, 12~14径間目(単純RCT桁)	C	16.60	5.90	1.90	1.79	1,141	6.00	1030	0.6	1,046	685	402	0.65
26						3rd径間目(単純RCT桁)	C	35.76	5.50	2.85	1.91	4,046	6.00	1030	0.6	3,603	2,428	1,427	0.67
27						9th径間目(標準下路PC桁)	C	32.06	7.35	2.95	1.85	3,916	6.00	1030	0.6	3,245	2,350	1,381	0.72
28						10th径間目(単純RCT桁)	A	13.50	5.90	1.70	1.75	903	6.00	1030	0.60	746	542	318	0.73
29						15th径間目(単純RCT桁)	C	22.90	5.90	2.50	1.86	2,091	6.00	1030	0.6	1,978	1,255	737	0.63
30		下宿橋	未知	38°46'4.02"N 141°30'23.96"E	△	1径間目(単純PCプレテンホロー桁)	A	13.80	8.50	1.28	1.44	1,416	6.00	1030	0.6	470	850	499	1.81
31		二十一浜橋	国道45(国)	38°45'33.41"N 141°31'10.50"E	◎	1径間目(単純PCプレテンT桁)	C	16.64	8.30	1.63	1.59	1,500	6.00	1030	0.6	800	900	529	1.13
32		沼田跨線橋	国道45(国)	39°0'31.41"N 141°38'58.54"E	◎	1径間目(単純PCポステンT桁)	A	23.70	13.50	2.75	1.61	4,438	6.00	1030	0.6	1,944	2,663	1,565	1.37
33						2~3径間目(単純PCポステンT桁)	A	20.70	13.50	2.60	1.58	3,713	6.00	1030	0.6	1,577	2,228	1,309	1.41
34	陸前高田	気仙大橋	国道45(国)	39°0'17.77"N 141°37'15.99"E	◎	1~3径間目(連続鋼鈑桁)	A	108.50	13.30	2.67	1.60	14,300	6.00	1030	0.6	8,604	8,580	5,603	1.00
35		川原川橋	国道45(国)	39°0'33.06"N 141°37'48.90"E	◎	2径間目(単純PC中空ホロー桁)	C	28.80	14.80	1.77	1.30	8,800	6.00	1030	0.6	1,229	5,280	3,103	4.30
36		浜田川橋	国道45(国)	39°0'32.64"N 141°38'44.69"E	◎	1径間目(単純PCポステンT桁)	C	22.50	14.80	1.72	1.30	4,100	6.00	1030	0.6	933	2,460	1,446	2.64
37	大槌	浪板橋	国道45(国)	39°22'59.96"N 141°56'15.24"E	○	1径間目(単純PCプレテンT桁)	C	12.50	9.20	1.32	1.40	630	6.00	1030	0.6	429	378	222	0.88
38	釜石	矢の浦橋	国道45(国)	39°16'2.36"N 141°53'7.35"E	○	1~3径間目(連続鋼床版鈑桁)	C	108.40	14.80	2.97	1.60	14,079	6.00	1030	0.6	9,560	8,447	6,568	0.88
39		片岸大橋	国道45(国)	39°12'09"N 141°51'47"E	◎	1径間目(単純鋼合成鈑桁)	C	24.90	8.40	2.10	1.70	1,800	6.00	1030	0.6	1,648	1,080	672	0.66

土木編 2　土木構造物の津波被害と復旧

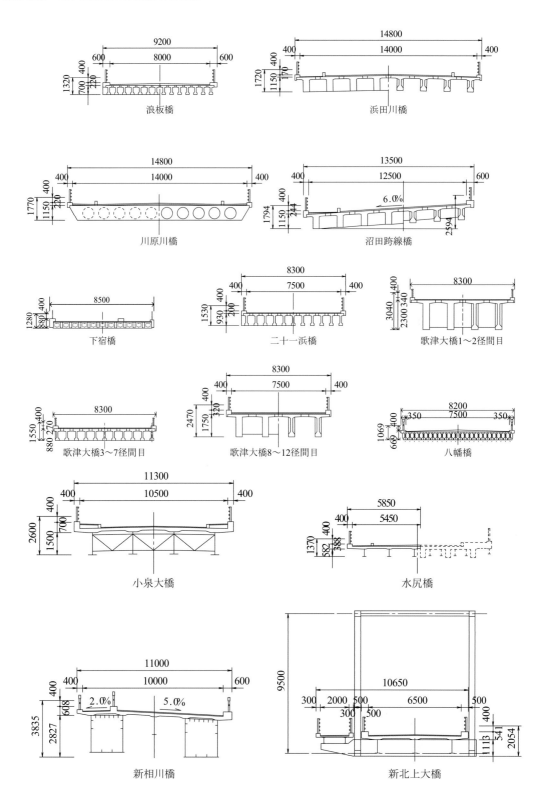

図-3.2.17　上部構造断面図(その1)

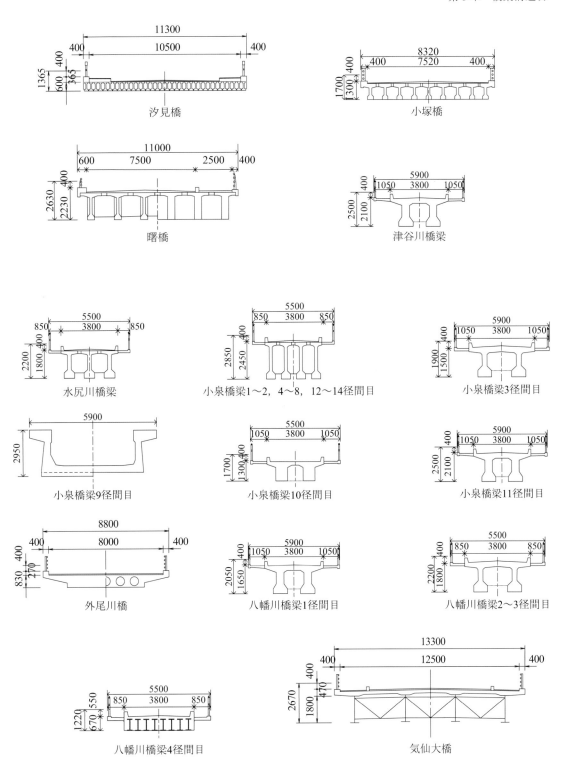

図-3.2.18 上部構造断面図(その2)

土木編 2　土木構造物の津波被害と復旧

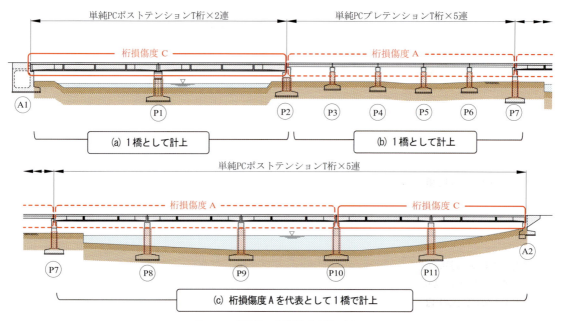

図-3.2.19　橋梁数の定義(歌津大橋の例)

(a) 桁損傷度A　　　(b) 桁損傷度B　　　(c) 桁損傷度C

図-3.2.20　各桁損傷度の代表例

表-3.2.5　橋梁上部構造の桁損傷度の定義

桁損傷度	上部構造
A	完全に流出
B	桁移動, ただし下部構造上に存置
C	軽度な損傷

c) 判定手法

桁損傷度の判定について説明する．判定は橋梁の使用可否に着目し，表-3.2.5 に示すように定義した．すなわち，桁損傷度 A は完全流出して機能不全に陥った橋梁，桁損傷度 B は桁は移動したものの元の位置に戻すことで機能の回復が図れる橋梁，桁損傷度 C はそのままで機能を維持できる橋梁である．なお，図-3.2.20 に各桁損傷度の代表例を示した．

d) 調査結果

図-3.2.21 に桁損傷度の分類結果を示す．同図より，ほぼ半数である 19 橋が桁損傷度 A に分類され上部構造が流出被害を受けて橋梁としての機能を維持出来ない状態となっているが，残りの 20 橋は流出を免れた桁損傷度 C となり，軽微な損傷にとどまり橋梁としての機能を維持している．今回の対象橋梁の中では桁損傷度 B に分類される橋梁は無く，被害は大別して流出したか，流出しないかの極端な被害に別れている．

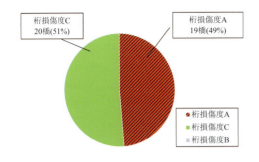

図-3.2.21 対象橋梁39橋の桁損傷度

次に，図-3.2.22に上部構造形式毎に桁損傷度を分類して示す．

上部構造によって母数の違いはあるものの，被害傾向には差は無い．このことから，上部構造の構造形式によって発生する被害状況の差は少ないと言える．

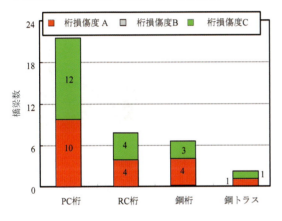

図-3.2.22 構造形式毎の流出被害の比較

(4) 桁抵抗力作用力比を用いた評価
a) 桁抵抗力作用力比の算出方法

桁移動の有無の簡易判定式を用いて，橋梁種別による津波被害を支配する要因解明の分析を行う．津波作用力 F は，文献（FEMA（2008），小松（2011））並びにモリソン式を参考に，式（3.2.6）と仮定する．

$$F = \frac{1}{2}\rho_w C_d A v^2 + C_m \rho_w AB \frac{dv}{dt} + (\rho_w g h_1 A_1 - \rho_w g h_2 A_2) \quad (3.2.6)$$

ここに，津波作用力 F，抗力係数 C_d，水の密度 ρ_w (1,030kg/m^3)，津波の流速 v，上部構造の有効鉛直投影面積 A_h [m^2]，慣性力係数 C_m，津波の流速時刻歴から求める加速度 dv/dt [m/s^2]，h_1 と A_1 は作用側の高さ [m] と面積 [m^2]，h_2 と A_2 は作用の反対側の高さ [m] と面積 [m^2]

式(3.3.1)中の右辺第1項は抗力項，第2項は慣性力項，第3項は水位差による静水圧項である．

津波による作用力を算出する際に想定する作用力モデルを図-3.2.23に示す．これまでに入手した津波映像を分析した結果より，東北地方太平洋沖地震で発生した津波は水面勾配が非常に緩いため（Kosa, 2012），同図のような海側と陸側との水位差は生じないとして静水圧項は省略した．加速度 dv/dt も非常に小さく抗力項に比較し慣性力項は微小となるため，慣性力項も省略する．

以上より，作用力は図-3.2.23に示す抗力項のみを考慮した F を作用力モデルとして，式（3.2.7）より求める．

$$F = \frac{1}{2}\rho_w C_d v^2 A_h \quad (3.2.7)$$

式中の抗力係数 C_d，並びに有効鉛直投影面積 A_h は，文献（日本道路協会（2007, 2012））を参考に求める．

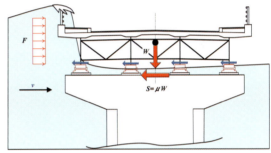

図-3.2.23 上部構造に作用する津波作用力

抗力係数 C_d は，文献（日本道路協会（2007, 2012））より式(3.2.8)，(3.2.9)から求めた．

$$C_d = \begin{cases} 2.1 - 0.1(B/D) & 1 \leq B/D < 8 \\ 1.3 & 8 \leq B/D \end{cases} \quad (3.2.8)$$

$$C_d = 1.35/\sqrt{\phi} \quad (0.1 \leq \phi \leq 0.6) \quad (3.2.9)$$

ここに，橋の総幅 B [m]，橋の総高 D [m]，2主構トラスの充実率 ϕ(トラス投影面積/トラス外郭面積)

文献（日本道路協会（2007, 2012））によれば，式(3.2.8)は耐風設計における充腹形式の桁の抗力係数として用いられている．これは風洞試験値を包括するように

定められ，橋の総幅 B を橋の総高 D で除した数値の関数で表される．式 (3.2.9) は耐風設計における2主構トラスの抗力係数として用いられる式であり，トラス外郭面積に対するトラス投影面積の比で表される充実率 ϕ より求められる．

図-3.2.24 は C_d と A_h を求める際に用いる橋の総高 D の取り方と，C_d を求める際に用いる橋の総幅 B を示している．橋の総高 D は桁の底面から地覆の天端までの高さに，道路橋で標準的に設置される防護柵の高さを含む．図中 (a) は壁型の剛性防護柵の場合を示し，防護柵の全高を見込む．図中 (b) は壁型剛性防護柵以外の場合を示し，鋼製高欄等がそれに該当する．この場合は地覆天端より 0.4 m の高さを含む．これは標準的な鋼製高欄の形状を考慮した有効鉛直投影面積 0.4 [m²/m]に相当する．（日本道路協会（2007, 2012））．

なお，本項目では作用力を求める際の流速 v は，構造形式に着目した評価を目的に，**図**-3.2.25 に示す現地の映像計測結果の平均流速（v=6.0m/s）の一定値を用いている．

次に，津波に対する上部構造の抵抗力 S は摩擦係数 μ（Rabbatら（1985）の実験結果より 0.6 と仮定）と上部構造重量 W の積によって計算された摩擦力とみなし，式(3.2.10) で算出する（清水，2012）．

$$S = \mu \cdot W \quad (3.2.10)$$

ここで，変位制限構造や変位制限装置は，津波襲来前の地震作用による損傷の有無が判定できず，これらが抵抗力として有効に機能することが不明なことから，これらの抵抗力は考慮していない．

上部構造重量 W は竣工図書に基づき算出（以下，詳細重量と記す）したが，一般図や橋梁台帳といった簡易的な設計図書しか残されていない橋梁は，**図**-3.2.26 (a) に示すように，桁の断面積 A_I と横桁の断面積 A_{II} を求め，同図 (b) のように A_I には桁長を，A_{II} には横桁厚を乗じた横桁体積との和 V（=138.0 [m³]）に，同図(c)のように単位体積重量 24.5 [kN/m³]を乗じることで概算重量 W を算出している．概算重量の詳細重量に対する誤差は 10 % 程度であり，この誤差は β 値にもそのまま引継がれる．従って，概算重量を用いた β 値は，10 %程度の誤差を含むことに注意を要する．

津波作用力と桁抵抗力の関係は，桁抵抗力 S を津波作用力 F で除す式 (3.2.11) により，桁抵抗力作用力比 β 値を求めることで桁移動の発生の有無を判断する．

$$\beta = \frac{S}{F} \quad (3.2.11)$$

このように求めた桁抵抗力作用力比 β 値が 1.0 よりも大きい場合は，津波による作用力に対して上部構造の抵抗力が大きく，移動，または流出しにくい橋梁であり，

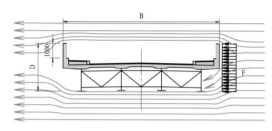

(a) 剛性防護柵（壁高欄）の場合

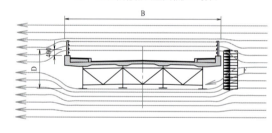

(b) 鋼製高欄の場合

図-3.2.24 橋の総幅 B と橋の総高 D

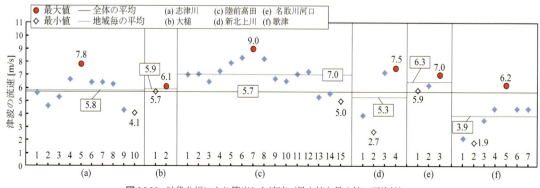

図-3.2.25 映像分析により算出した流速（最大値と最小値，平均値）

1.0未満の場合はその逆で,作用力に対する抵抗力が小さく,移動,または流出しやすい橋梁であることを示す.

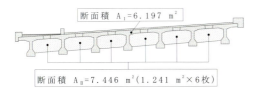

(a) 桁の断面積A_1と横桁の断面積A_2の算出

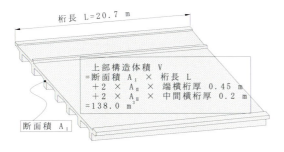

(b) 上部構造体積の算出

概算重量 $W = 138.0 \text{ m}^3 \times 24.5 \text{ kN/m}^3 = 3,381 \text{ kN}$
詳細重量 3,713 kN / 概算重量 3,381 kN = 1.10

(c) 上部構造重量の算出

図-3.2.26 簡易的な上部構造重量の求め方

b) 桁抵抗力作用力比β値による橋梁流出評価

図-3.2.27に,前章で述べた桁抵抗力作用比(β値)の算出方法に基づいて算出した対象橋梁39橋のβ値と桁損傷度の関係を示した.作用力Fを求める際の流速vは,構造形式に着目した評価を目的に,図-3.2.25に示した現地の映像計測結果の平均流速(v=6.0m/s)を用いている.

図中に示す桁損傷度Aでは0.5~1.4の範囲にあり,平均値は0.89となる.一方,図中の桁損傷度Cのβ値は0.6~4.9の範囲にあり平均値は1.52となる.桁損傷度Cの平均値は,桁損傷度Aの平均値に対し1.76倍と大きな差となっている.この差は明確であり,桁損傷度毎の平均でみればβ値の上部構造の流出評価指標としての有効性が見いだせる.

β値が1.5より大きい橋梁は6橋あるが,全て桁損傷度Cで桁流出被害を受けていない.一方,β値が0.6以下の橋梁は3橋あり,全て桁損傷度Aである.

この桁損傷度間で大きな差が生じる要因を分析するために,まず,β値が1.5以上となる橋梁を流出しにくい橋梁として,上部構造断面図を図-3.2.28に示した.

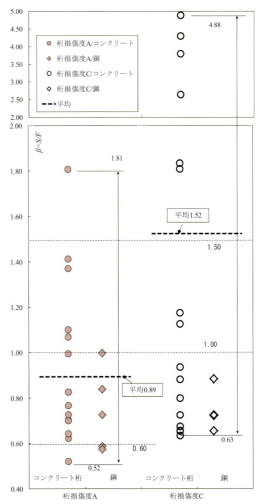

図-3.2.27 桁抵抗力津波作用力比 β 値

同図から,6橋中3橋がPCI桁を並べて版構造としたもの(図中(a), (d), (f))であり,2橋は中空床版(図中(b), (e)),1橋はPCポストテンション方式T桁(図中(c))であることがわかる.流出しにくい橋梁は全て道路橋のコンクリート桁であることに加え,橋の総幅Bが比較的大きい扁平な形状であり,B/Dが大きいという特徴を有する.

一方,流出しやすい橋梁として,β値が0.6未満となる3橋梁の上部構造断面図を図-3.2.29に示す.同図を確認すると,鋼H桁(図中(g)),鋼箱桁(図中(h)),RCI桁(図中(i))である.それぞれの桁形状における橋の総幅Bと橋の総高Dの関係は,B/Dが小さい傾向となっている.さらに,同図(h), (i)では桁高が高く,図-3.2.29の橋梁群とは大きく異なる傾向を示す.

土木編 2　土木構造物の津波被害と復旧

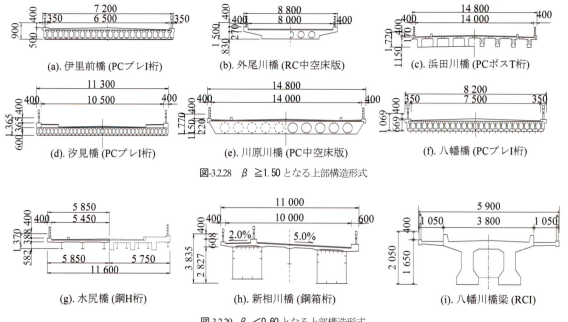

図-3.2.28　$\beta \geqq 1.50$ となる上部構造形式

図-3.2.29　$\beta < 0.60$ となる上部構造形式

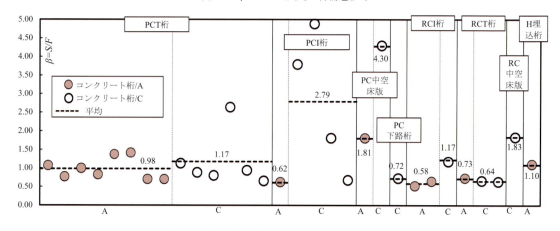

図-3.2.30　桁形式毎に分類した β 値（コンクリート桁）

次に，**図-3.2.30** にコンクリート桁の β 値を上部構造形式毎に分類し，桁損傷度の平均値を示した．PCT桁は桁損傷度 A，C でそれぞれ 0.98，1.17 と，桁損傷度間で大きな差は無い．RCT桁ではそれぞれ 0.73，0.64 となり，同様に桁損傷度間に差は無い．

一方，PCI桁ではそれぞれ 0.62，2.79 であり，PC中空床版ではそれぞれ 1.81，4.30，RCI桁ではそれぞれ 0.58，1.17 と，桁損傷度間で大きな差となる．

同様に，**図-3.2.31** に鋼桁の β 値を上部構造形式毎に分類し，桁損傷度の平均値を示した．各桁，桁損傷度 A と C とで明確な差は生じておらず，また，鋼桁は 1.0 未満に分布していることから，被害程度との相関性が認められない．

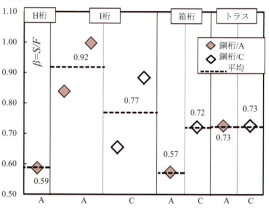

図-3.2.31　桁形式毎に分類した β 値（鋼桁）

この結果から，PCI 桁や PC 中空床版橋，RCI 桁のような床版橋形式では，β値は被害程度との相関性を有することがわかる．

表-3.2.6 桁損傷度 A において β 値が 1.0 を超える橋梁

No.	橋梁名	β値	B/D	B [m]	D [m]	桁形式
(1)	沼田跨線橋	1.41	5.19	13.50	2.60	PCポストT桁
(2)	沼田跨線橋	1.37	4.91	13.50	2.75	PCポストT桁
(3)	下宿橋	1.81	6.64	8.50	1.28	PC中空床版
(4)	小塚橋	1.07	4.89	8.32	1.70	PCプレT桁
(5)	八幡川橋梁	1.10	4.17	5.50	1.32	H埋込桁

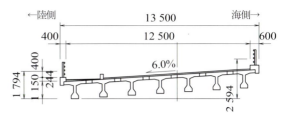

図-3.2.32 沼田跨線橋（第2径間）の上部構造断面図

表-3.2.6はβ値が1.0以上となるにも関わらず流出被害が発生した桁損傷度Aに分類される橋梁の諸元を示す．

図-3.2.32は表-3.2.6の5橋の代表例として示す沼田跨線橋の上部構造断面図である．この形式は，表-3.2.6 に示した5橋のうち3橋が該当しており，桁形状としては桁間に空間を有するという特徴が挙げられる．従って，津波による水位の上昇に伴い桁間に残留する空気の影響により，浮力が作用したことが予想される．この場合は抵抗力のパラメータである上部構造重量が低下するため，抵抗力が低下する可能性がある．図-3.2.33 に示すのは八幡川橋梁の上部構造断面である．この形式は，床版橋に近い形状をしており，β値が大きいにも関わらず流出した要因は他にあると考えられる．

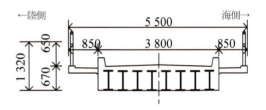

図-3.2.33 八幡川橋梁（第4径間）の上部構造断面図

c) 抗力係数 C_d の検討

図-3.2.34 はコンクリート桁の上部構造形式毎の抗力係数 C_d と桁損傷度毎の平均値を示す．PCT桁の桁損傷度 A と C における抗力係数 C_d の平均値はそれぞれ 1.72, 1.64 となり，抗力係数 C_d の幅が $1.3 \leq C_d \leq 2.0$ であることを踏まえれば，平均的な値をとる．

同様に，図-3.2.35 に鋼桁の上部構造形式毎の抗力係数 C_d と桁損傷度毎の平均値を示す．β値と同様に桁損傷度 A と C で抗力係数 C_d に明確な差は生じていない．一方，トラス桁においては他の形式に比べ，3.16 と C_d が極端に大きくなることから，作用力も極端に大きくなる傾向となっている．

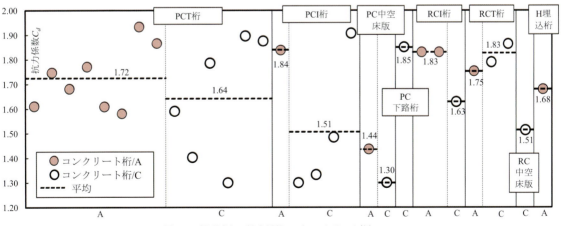

図-3.2.34 桁形式毎の抗力係数 C_d （コンクリート桁）

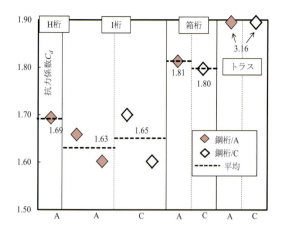

図-3.2.35 桁形式毎の抗力係数 C_d(鋼桁)

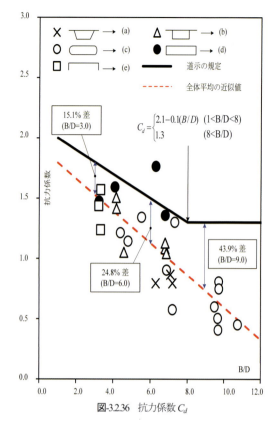

図-3.2.36 抗力係数 C_d

桁損傷度 C における PCI 桁や PC 中空床版，RC 中空床版などのスラブ桁は，全体的に低めの値を示し，特に PC 中空床版は最小値の 1.30 となる．同様に，桁損傷度 A における PC 中空床版も 1.44 と抗力係数 C_d は比較的小さい．

次に風洞実験結果に基づいた 2 つの異なる近似式により求めた抗力係数を用いて β 値を修正する．図-3.2.36 に参考文献[10]より風洞実験に基づいた抗力係数を示す．異なる桁形状のそれぞれの抗力係数は，独立行政法人 土木研究所が実施した風洞実験から得られている．橋梁形式は本州四国連絡橋に基づいている．

道路橋示方書の規定では，$B/D \leqq 8.0$ の範囲では，$B/D=1.0$ で抗力係数 C_d は最大値の 2.0，$B/D=8.0$ で最小値の 1.3 と，B/D の増加に伴い減少しており，$B/D \geqq 8.0$ では抗力係数は 1.3 の一定値をとる．この場合の近似式は British Standard を踏襲して式(3.2.8)の通りとなる．

これに対し，本検討では土木研究所の実験結果を踏まえて 2 つの修正を行った．

一つは図-3.2.37 に示すようにデータ全体の平均値に近似させた修正であり，式(3.2.12)の通り表される．

$$C_d = 1.929 - 0.133(B/D) \quad (3.2.12)$$

式(3.2.12)に基づいた場合，式(3.2.8), (3.2.9)に対する変動係数は 35% と比較的大きな偏差があること意味している．同図によれば，B/D=3.0, 6.0, 9.0 のときの変化率は，それぞれ 15.1%, 24.8%, 43.9% となる．

もう一つは次のようである．

図-3.2.37 に示すのは桁形式として張出し有りの形状と，スラブ形式として張出し無しの形状に分類した抗力係数である．この分類は，桁形式としての張出し有りの形状は β 値と被害程度との相関性が低く，スラブ形式として張出し無しの形状では β 値と被害程度との相関性が高いことから，張出しの有無の分類による抗力係数の変化を把握することを目的としている．

風洞実験に関連した資料（本州四国連絡橋・耐風研究小委員会，1976）に基づくと，図-3.2.37 中の(b)の形状は対象橋梁の張出し有りの形状に類似していると考えられる．同図(c), (d), および(e)は張出し無しの形状に類似し，これらを 2 つの形状パターンに分類した平均値を用いて抗力係数の近似式を求めると，式(3.2.13), (3.2.14)の通りとなる．

$$C_d = 1.795 - 0.107(B/D) \quad (3.2.13)$$

$$C_d = 1.960 - 0.134(B/D) \quad (3.2.14)$$

第 3 章 橋梁構造物

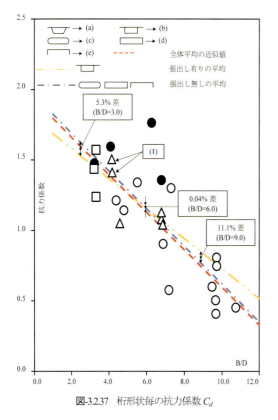

図-3.2.37 桁形状毎の抗力係数 C_d

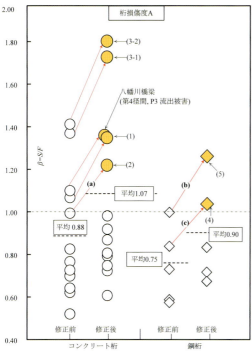

図-3.2.28 抗力係数変更後のβ値(桁損傷度 A)

これら 2 つの桁形状の近似式(3.2.13)と(3.2.14)の差は，B/D=3.0, 6.0 および 9.0 での差は 5.3%, 0.04%, 11.1%となり，有意な差が生じない．さらに全体のデータの平均値に基づく近似式(3.2.12)に対しても有意な差は生じない．

このことから，既往の風洞実験結果からは桁形状による抗力係数の違いは生じないという事がわかる．

この結果をふまえ，全体の平均値の近似式(3.2.12)による抗力係数を用いて桁抵抗力作用力比β値を修正した．この結果を図-3.2.28 に桁損傷度 A のグループ，図-3.2.29 に桁損傷度 C のグループに分けて示す．図-3.2.28 に示すように桁損傷度 A におけるコンクリート桁のβ値は 21.6%増加し，平均値は 0.88 から 1.07 へと変化する．鋼桁のβ値は 20.0%増加し，平均値は 0.75 から 0.90 まで変化する．図中(a), (b), (c)は β 値が 1.0 よりも大きくなり，被害状況と整合しない点は抗力係数の修正前と変わらない．

次に，図-3.2.29 に示す桁損傷度 C ではβ値の増加により未流出となる説明性が高くなる．コンクリート桁のβ 値は 42.4%増加し，平均値は 1.72 から 2.45 へと増加した．鋼桁では同様に 20.0%増加し，平均値は 0.75 から 0.90 まで増加した．図中(d), (e), (f)はβ値が 1.0 よりも大きくなり，被害状況との整合性は若干の改善をみる．

これらの結果より，抗力係数の評価式を実験の平均値を用いて修正すると，桁損傷度 A，C ともにβ値は増加し，桁損傷度 A の説明性は低くなる一方で，桁損傷度 C の説明性が高くなる結果となった．

被害状況と比較をすれば，相関性が低いのはコンクリート桁，鋼桁ともに桁橋形式であることは前項で述べた通りであり，これらに共通して言えることは抵抗力側で評価している上部構造重量に桁間に残留する空気による浮力が考慮されていない，という事である．

以上の結果より，桁抵抗力作用力比β値に対して，流出被害の判定に影響を与える要素として，評価で用いる流速に加え，桁間の空気による浮力の評価方法が挙げられる．

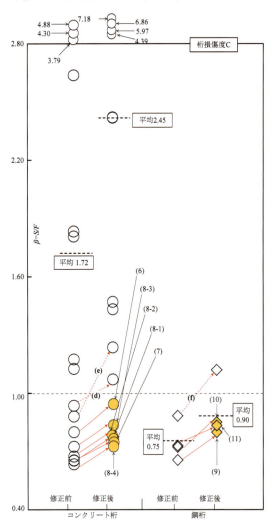

図-3.2.29 抗力係数変更後のβ値(桁損傷度C)

結果,桁損傷度 A と C の平均値はそれぞれ 0.89,1.52 と明確な差が生じた.ただし,桁損傷度 A において β 値が 1.0 以上となる橋梁が 5 橋,桁損傷度 C において β 値が 1.0 以下となる橋梁が 11 橋と,被害状況と整合しない橋梁が存在する.

d) β値の大小を支配するパラメータとして,作用力側では抗力係数 C_d と流速 v,抵抗力側では上部構造重量 W が挙げられる.抗力係数 C_d の検討を実施した結果,桁形状について大きな差は生じない.

e) 抗力係数 C_d の平均値を用いて β 値を再評価すると,桁損傷度 C では β 値はコンクリート桁,鋼桁でそれぞれ 42%,20%上昇するため,被害状況の説明性が高くなる.一方,桁損傷度 A では β 値はコンクリート桁,鋼桁ともに 20%程度上昇したが,被害状況と整合しない状況は変わらなかった.

f) β値の流出被害評価においては,影響が大きいと考えられる流速の把握に加え,桁形式の橋梁では桁間の残留空気による浮力を評価する必要がある.

参考文献

気象庁:災害地震・津波速報,平成 23 年(2011 年)東北地方太平洋沖地震,pp.71-129,2011.8.

国土地理院:10 万分の 1,2 万 5 千分の 1 浸水範囲概況図,2011.4.

小松利光,矢野真一郎:新編 水理学,理工図書,pp.9-12,2011.4.

清水英樹,幸左賢二,佐々木達生,竹田周平:道路橋の津波による被害分析,構造工学論文集,Vol58A,pp.366-376,2012.3.

(社)日本道路協会:道路橋耐風設計便覧(平成 19 年改訂版),pp.33-41,2007.12.

(社)日本道路協会:道路橋示方書・同解説 I 共通編,pp.53-63,2012.3

本州四国連絡橋・耐風研究小委員会:本州四国連絡橋耐風設計基準,1976.3.

FEMA : Guidelines for Design of Structures fot Vertial Evacuation from Tsunamis, FEMA P646, pp. 72-74, 2008.6.

Kenji KOSA : Damage of Structure due to Great East Japan Earthquake , The International Workshop on Advances in Seismic Experiments and Computation (ASEC 2012) , Advanced Research Center for Seismic Experiments and Computations (ARCSEC), 2012.3.

Rabbat, B.G. and Russel, H.G. : Friction coefficient of steel on concrete or grout, J. Struct. Eng., ASCE, Vol.111, No.3, pp.505-515, 1985.

(5) 桁抵抗力作用力比を用いた評価のまとめ

東北地方太平洋沖地震で発生した津波による橋梁被害について,現地調査および分析を実施した結果,以下の知見が得られた.

a) 分析の対象とした 39 橋梁のうち,49%に相当する 19 橋は上部構造が完全に流出した桁損傷度 A に分類されるが,残りの 51%に相当する 20 橋は,そのままで機能を維持できる桁損傷度 C に分類される.

b) 上部構造形式について,PC 桁,RC 桁,鋼桁,鋼トラス桁に分類して桁損傷度を整理した結果,いずれの形式も約半数が桁損傷度 A に分類され,上部構造形式に被害状況の傾向は無い.

c) 東北沿岸部の映像解析に基づく津波の平均流速 6.0[m/s]を用いて桁抵抗力作用力比 β 値を整理した

3.3 津波による橋梁の被害の調査結果

3.3.1 2011年の東北太平洋沖地震による津波による橋梁被害

(1) 橋梁の全数調査の調査方法

　a) 調査の概要

　2011年3月11日に発生した東北地方太平洋沖地震では、東北から関東にかけて甚大な被害が生じた。東北地方太平洋沖地震による橋梁被害の最大の特徴は、津波による流失、落橋、破壊が生じたことである（土木学会・日本都市計画学会・地盤工学会，2011）。しかし、被災地域が青森県～千葉県と広大であったため発災から数ヶ月を経てもなお、津波被害の全体像が掴みきれていない状況であった。そこで、全浸水地域を対象として被害橋梁の全数調査を行うこととした（白石，2011＆2012）。調査結果は、後世への記録として保存されるだけでなく、将来的に津波によって橋梁に作用する波力の概要を検討するために使用されることを意識して、調査計画を立案した。

　b) 調査の方法

　i) 調査方法の概要

　東北地方太平洋沖地震に伴って生じた津波による橋梁の被害状況の全容を把握するために、まず、Google Earthを用いて衛星写真上から橋梁被害の概要を把握した。次に、現地調査を行い、被害状況の確認を行うとともに、橋梁の寸法の計測を行った。

　ii) 衛星写真による被害状況の把握

・衛星写真を使った被害調査の実施の背景

　地震被害に関する現地調査において、もっとも重要な項目のひとつとして、調査の効率が挙げられる。特に、東北地方太平洋沖地震の被災範囲は、阪神淡路大震災や中越地震などの直下型地震と比較するとはるかに広いので、調査効率の向上をはかる必要があった。現地調査では、事前の情報が無い状態で、被害の生じた構造物を発見することは困難であるので、調査実施前に調査対象構造物を特定しておく必要がある。地震動による被害とは異なり、津波被害を受けた橋梁の位置情報は、自治体や道路交通情報通信システムセンターなどが発信する道路交通情報から収集することができなかったので、地震後に撮影された衛星写真により橋梁の位置情報と被災状況を把握することにした。

・Google Earthによる橋梁の被害調査

　調査対象地域は東北地方太平洋沖地震で津波被害を受けた岩手県、宮城県、福島県、茨城県の4県と千葉県の一部とした。これらの地域の津波浸水域にある全橋梁の位置と被害状況の判定を行った。津波浸水域としては、東大生研地球環境工学研究グループが公開している津波到達ライン判読データ[6]を使用した。衛星写真による調査では、橋桁が流失・移動している場合や、段差が生じていると判断された場合に「被害あり」と判定した。なお、現地調査では、橋本体の損傷で被害の有無を判定した。すなわち、橋台や橋脚が沈下・転倒したために段差が生じていた場合に「被害あり」と判定し、橋台や橋脚、橋桁に損傷がないものの、橋台背面の盛土が流されて段差が生じていた場合には「被害なし」とした。

　衛星写真調査にはGoogle Earthを用いた。**写真-3.3.1**にGoogle Earthによる、南三陸町志津川周辺の地震前後の衛星写真を示す。この例では左側の鉄道橋と右側の道路橋の2橋が落橋していることが分かる。このように、地震前後の状況を確認しながら、橋梁の位置と被災状況の確認を行った。

　写真-3.3.2に大槌町周辺の調査例を示す。ここで赤のマークは流失・桁移動等の被害を受けた橋梁を表す。黄

(a) 地震前（2010年6月25日撮影）　　　(b) 地震後（2011年4月6日撮影）

写真-3.3.1　Google Earthによる地震前後の比較（南三陸町志津川周辺）

第4章 土構造物

4.1 はじめに

東日本大震災では、道路、鉄道の土構造物にも多大な被害が生じた。4章では、東北地方整備局の管理する道路施設における盛土、切土の土構造物の津波被害と、JR東日本の管理する盛土構造物の被害について報告する。

4.2 直轄国道の被災状況

東北地方整備局は東北6県の主要な地域、施設等を結ぶ幹線道路である直轄国道15路線、約2,800km（平成23年3月11日現在）の道路管理を行っている。東日本大震災では東日本の太平洋沿岸を中心に広い範囲で道路施設に大きな被害を受けたが、被害の特徴は、最大震度7という地震動による被害もさることながら、15mを超える大津波による被害が甚大であったことである。

ここでは、道路施設に関して多くの被災があった中から、土構造物（盛土、切土）における被害について取りまとめる。

- 地震の概要

  発生日時：平成23年3月11日（金）14時46分

  震　源：三陸沖（牡鹿半島東南東130km付近）
  　　　　深さ24km

  規　模：マグニチュード9.0

  地 震 名：「平成23年（2011年）東北太平洋沖地震」
  　　　　（※平成23年4月4日 東日本大震災と政府が命名）

- 直轄国道の被災状況（東北管内）

  津波浸水：約97km（国道6・45号の約2割）

  通行止め：52区間

東日本大震災においては、太平洋沿岸を襲った津波による盛土や橋梁の流失被害が74箇所で発生し、国道45、6号において多くの通行止めが発生した。一方、内陸部では、震度の大きかった岩手県、宮城県及び福島県において地震動による軟弱地盤上の盛土や谷埋め盛土などにおける大規模な崩落からのり面の小崩落まで40箇所で被害が発生している。なお、今回、直轄国道において5箇所の橋梁の流失があったが、全てが津波によるものであり、地震動による落橋被害は発生していない。これは、平成7年に発生した阪神淡路大震災を踏まえた橋梁の耐震補強の重点的な実施が功を奏した結果と考えられる。

表-4.2.1　津波による被災箇所数（国道6号、45号）

	岩手	宮城	福島	計
道路流失	25	48	1	74
うち土工部	23	45	1	69
うち橋梁	2	3	0	5

（被災箇所数は災害復旧事業箇所の数）

表-4.2.2　地震動による土構造物の被災箇所数

	岩手	宮城	福島	計
法面崩落　等	1	17	22	40

（被災箇所数は災害復旧事業箇所の数）

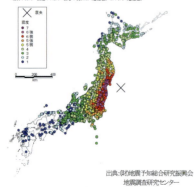

図-4.2.1　震度分布

図-4.2.2　土構造物（盛土・切土）の主な被災箇所

第4章　土構造物

4.3 道路の被災と応急復旧の状況
4.3.1 地震動による被害の事例と復旧
(1) 国道4号　福島県福島市伏拝地内

当該地区は道路に隣接する宅地の法面が延長約 120m にわたり崩壊・崩落し，約 9,000m³ に及ぶ土砂の流出により道路が閉塞したものである．崩落は宅地造成の際に谷地形に盛土した箇所で発生しており，崩壊面から湧水が確認されていることなどから，盛土内の浸透水の影響によるものと推察される．

応急復旧については，崩落土砂内における人的被害が無いことを確認した後，土砂撤去を開始し，3月18日には片側1車線確保したうえで，二次災害防止等のため架設防護柵等を設置し土砂撤去を進め，4月27日には4車線を開放した．

また，本復旧では法面上部に位置する宅地の復旧計画との調整を図りつつ，宅地側における鋼管杭による抑止対策に加え，国道側においては排水ボーリングによる地下水位の低下促進及びグラウンドアンカーによる抑止対策を実施している．　(**写真**-4.3.1, 2参照)

(2) 国道6号　福島県広野町上北迫

当該区間は沼地に隣接した盛土区間であり，延長約 70m にわたり沼地側に腹付けした4車線拡幅側の盛土で被害が発生したものである．現地調査の結果，盛土の基礎地盤部の水位は常に高かったと推察され，地震動により沼地に接する基礎地盤が滑り，それに伴い拡幅した盛土部が崩壊したものと考えられる．

写真-4.3.1 福島市伏拝地区の被災と応急復旧（1車解放時）

写真-4.3.2 福島市伏拝地区の被災と応急復旧（1車解放時）

写真-4.3.3 広野町上北迫の被災状況及び本復旧の状況

写真-4.3.4 広野町上北迫の被災状況及び本復旧の状況

応急復旧として，比較的被災の小さかった2車線を補修し平成23年5月6日までに対面通行可能な車線を確保した後，盛土基部の軟弱層についてセメント混合処理による地盤改良を実施した．また，含水比の高い崩落土をセメント改良のうえ盛土材として活用し，平成25年3月2日までに本復旧を完了した．　(**写真**-4.3.3, 4参照)

(3) 国道6号　福島県富岡町上郡山地内

当該地区は国道6号の本線盛土が延長約 120m にわたり崩落し，全面通行止めとなったものである．原因については，崩壊側部からの湧水や崩落土砂からは含水比が高いことが確認されていること等から，潜在的に地下水位が高い盛土において，強い地震動により盛土内の過剰間隙水圧が上昇し，せん断力が急激に低下したことにより崩落したと推察される．

当該箇所は，福島第一原発対応のアクセス道路となることから，緊急的に周辺の県道等による迂回を実施している．応急復旧についてはセメント混合による地盤改良を行い，その上で発生土についても土質改良を行い盛土を実施，8月31日には片側1車線を開放し，12月26日には2車線を開放した．なお，当該箇所は福島第一原発の警戒区域内となっていることから，作業員は防護服の着用や線量管理など，工事実施において制約がある中での復旧作業を強いられた．　(**写真**-4.3.5～7参照)

土木編 2　土木構造物の津波被害と復旧

写真-4.3.5　冨岡町上郡山地区の被災と応急復旧（1車解放時）

写真-4.3.6　冨岡町上郡山地区の被災と応急復旧（1車解放時）

写真-4.3.7　冨岡町上郡山地区での状況（原発警戒区域）

(4)　国道45号　石巻市鹿又地内

当該箇所は右折レーン設置にあたって基礎地盤が軟弱であることを考慮し，盛土上にEPSを設置して軽量化を図りながら拡幅を行った箇所である．今回の地震により延長約45mにわたってEPSを含む盛土が崩壊し，路面に陥没が生じたものである．崩壊の原因としては，EPS盛土の基礎となっていた盛土に地震動による変状が生じ，EPSを含めた盛土自体が崩壊したものと推察される．応急復旧では，EPSを撤去し大型土嚢を用いて行い，3月23日に2車線解放した．（**写真**-4.3.8参照）

なお，本復旧は，隣接する橋梁の架け替えに伴い道路線形の変更が生じることに配慮し，この橋梁架替に合わせて実施することとしている．

写真-4.3.8　石巻市鹿又地区の被災状況

4.3.2　津波による被害の事例と復旧
(1)　国道45号　二十一浜橋

二十一浜橋（にじゅういちはまばし・宮城県気仙沼市）は，二十一川を渡河する橋長16.64mの単純プレテンT型橋であるが，津波により両橋台背面盛土が流失した．車道部の桁流失は免れたが，津波によりフーチング部まで洗掘される被災を受けた．

応急復旧は，両橋台背面のフーチング上に仮設ベントを設置しながら両側に橋長30mの応急組立橋を設置することで対応し，現場作業開始から10日目に当たる4月4日に交通開放した．（**写真**-4.3.9参照）

本復旧については，現在の国道位置に津波防潮堤が計画されたことから，内陸側に別線ルートとして整備することとしている．

写真-4.3.9　二十一浜橋の被災と応急組立橋による応急復旧

第 4 章　土構造物

写真-4.3.10　大槌町吉里吉里波板地区の被災と応急復旧

写真-4.3.11　陸前高田市高田町地区の被災と応急復旧

写真-4.3.12　陸前高田市高田町地区の被災と応急復旧

(2)　国道45号　岩手県大槌町吉里吉里波板地内

　当該地区は浪板海岸に隣接し，直接津波の影響と被害を受けた区間である．歩道設置のため盛土上にプレキャスト擁壁を設置した区間であるが，津波により擁壁のたて壁が延長約190mにわたって倒壊している．たて壁が付け根部分から外側（海側）に倒れている状況から，津波到達時の引波の力により倒壊に至ったものと推察される．応急復旧は，L型擁壁部に大型土嚢を設置するとともに，隣接する波板橋の背面盛土も同時に復旧し，3月19日には2車線を開放した．（**写真-4.3.10**参照）

(3)　国道45号　岩手県陸前高田市高田町地内

　当該地区は津波により市街地全体が根こそぎの壊滅的な被災を受けたが，道路についても気仙大橋の流失，沼田跨線橋の上部工の流失，川原川橋の橋台背面流出，路体盛土の流失など甚大な被災を受けた．下の**写真-4.3.11**は津波による道路（盛土）流出の状況であるが，津波の影響だけでなく今回の地震により陸前高田市で62cm程度の地盤沈下が確認されており，高潮による路面冠水や波による道路の浸食などの影響も受けている．

　応急復旧については，流出した路体の復旧を行うとともに，高潮・浸食対策として路側に割石による架設護岸を設置し，3月25日に2車線を開放した．（**写真-4.3.12**参照）

4.3.3　道路土構造物の被災と復旧に関するまとめ

　東日本大震災においては，沿岸部において大津波による盛土等の流出が多数発生したが，内陸部においてもこれまでに経験したことのないような地震動により大規模な盛土の崩落等が発生している．

　今回の大震災では，阪神淡路大震災の経験等を踏まえた耐震補強の効果が発現されて落橋を未然に防ぐことができたが，今後は，損傷が多く見受けられた橋台背面を含む盛土構造のありようについて，被害の軽減や迅速な復旧活動の支援等の観点から，防災対策を推進することが重要であると考えられる．

　流失橋梁を除くほとんどの被災箇所について本復旧が完了しているが，津波で被災した地域では復興の途についたばかりの自治体も多く，復興の取組みは長きにわたる．地域の復興を後押しすべく，復興道路や町の復興計画に合わせた現道改良などはもちろんのこと，技術面でのアドバイスを含めて国土交通省と自治体の連携が必要である．一日も早い被災地の復興の実現に向けて一体となって取り組む所存である．

参考文献
国土技術政策総合研究所，独立行政法人　土木研究所：平成23年（2011年）東北地方太平洋地震土木施設災害調査速報

概要版
以降は本編（CD-ROMに収録）をご覧ください

第5章 河川構造物

5.1 地震の概要

平成23年3月11日に発生した地震は，地震規模M9.0，東日本東北太平洋沿岸の西北西－東南東方向に圧力軸を持つ逆断層型とされている．

図-5.1.1 に示すように，最大震度は宮城県栗原市の7であった．宮城県，福島県，栃木県，茨城県の4県28市町村で震度6強を観測したほか，東北・関東地方を中心に，広い範囲で震度5強を観測した．最大加速度は宮城県古川で583gal，同県石巻で482gal，県南の岩沼では429galを記録した．液状化に影響を及ぼすと考えられる50gal以上の継続時間は140秒～178秒と長く，過去の主要な地震と比較しても非常に長いことが特徴と分析されている．（以上は，防災科学技術研究所が公開している情報をもとに(独)土木研究所が作成した資料より）

今回の地震の発生は河川にも大きな被害を及ぼすこととなったが，被災河川周辺の地盤での観測最大加速度は，450～570ガル程度．江合川，鳴瀬川中流域の沖積層の厚さは，20～30m程度であり，その上下に砂質土層が互層をなしている．また，表層には陸成砂泥層が分布している現状にある．

地震により発生した津波は，太平洋沿岸に来襲し，東北地方での津波高は2.7m～8.5m以上とされ，陸上部ではさらに高い痕跡高（**図**-5.1.2 中の浸水高）が確認されている．

また，津波は河川を遡上し，北上川では河口から約49km地点まで水位変化が確認されている．

参考文献
気象庁：地震情報，http://www.jma.go.jp/jp/quake/
国土政策技術総合研究所：国土交通省河川・道路等施設の地震計ネットワーク情報，http://www.nilm.go.jp/Japanese/database/nwdb/

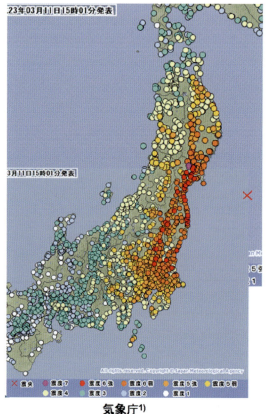

図-5.1.1 震度分布

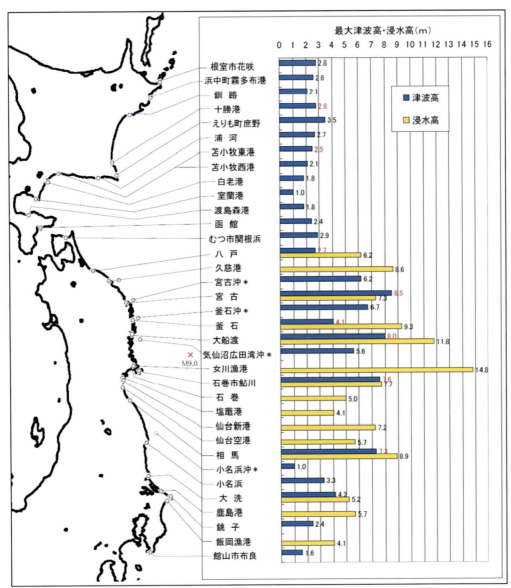

注）赤字の値は、観測途中で欠測になったため、波高がその値以上である可能性があることを示す。
×は3月11日14時46分発生地震（M9.0）の震央位置である。

図-5.1.2　各地の津波高

5.2 地震および津波による被害の概要

5.2.1 一般被害

　今回の地震および津波による人的被害，建築物被害等の一般被害は甚大で，宮城県，岩手県及び福島県に集中している．社会基盤施設，建築物等の被害額は，約16兆9千億円と推計されており，18年前に発生した阪神・淡路大震災での9兆6千億円の2倍近くにも及ぶ．被害推計額の約6割を占めるのは，100万戸もの大小被害を受けた家屋を含む建築物である．

5.2.2 河川管理施設の被害

　東北地方整備局管内の直轄河川管理施設の地震及び津波による被災箇所数は1195箇所に上った（表-5.2.1，図-5.2.1参照）．北は青森県の馬淵川，南は宮城県の阿武隈川上流にも及ぶ広い範囲で被災した．被災箇所全体の延長は約115kmで，そのうち，堤防被災延長は約98kmに及び，5水系の有堤延長の1割を超え，名取川水系では2割と高くなっている．

　堤防被災箇所773箇所のうち，堤防決壊・崩落等の大

土木編2　土木構造物の津波被害と復旧

表-5.2.1　管内の直轄河川管理施設の被災箇所延長（堰、樋門・樋管、排水機場等の被災を除く）

		決壊・崩落	陥没・沈下・亀裂	クラック	護岸被災(クラック等)	堰、樋門・樋管、排水機場等の被災	その他(管理用通路、取付道路等の被災)	合計
馬淵川水系	箇所数(箇所)	0	2	1	5	1	4	13
	延長(m)	0	1,403	30	721	※	※	2,154
北上川水系	箇所数(箇所)	13	182	186	117	119	29	646
	延長(m)	7,159	29,470	16,052	10,799	※	※	63,480
鳴瀬川水系	箇所数(箇所)	14	148	79	56	40	27	364
	延長(m)	2,847	11,419	9,645	4,874	※	※	28,785
名取川水系	箇所数(箇所)	0	11	19	2	2	1	35
	延長(m)	0	4,344	2,712	262	※	※	7,319
阿武隈川水系	箇所数(箇所)	5	56	57	3	13	3	137
	延長(m)	948	7,996	3,603	536	※	※	13,083
合計	箇所数(箇所)	32	399	342	183	175	64	1,195
	延長(m)	10,954	54,632	32,042	17,192	※	※	114,821

※被災箇所延長は「堰、樋門・樋管、排水機場等の被災」、「その他（管理用通路、取付道路等の被災）」を含まない

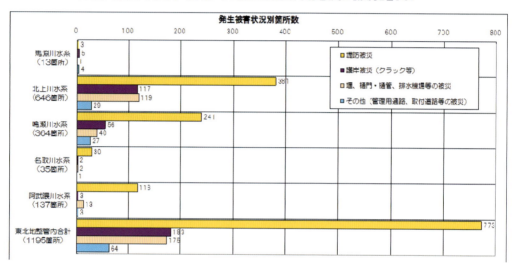

図-5.2.1　東北地方管内の直轄河川管理施設の被災概要

規模な被災は北上川，鳴瀬川，阿武隈川に集中しており，「決壊・崩落」，「陥没・沈下，亀裂」の被災は堤防被災箇所全体の約6割を占め，その延長は約66kmであった．

5.3　被災した堤防の応急復旧・緊急復旧

平成23年3月14日以降，特に被害の甚大な29箇所において緊急工事が実施され，7月11日で全箇所の緊急復旧工事が完了させた．なお，この29箇所のうち，地震による直接被害箇所は22箇所である．8月以降例年訪れる台風や降雨災害等の他の自然災害による被害の拡大を防止するためにも緊急的に急ぐ必要があったものである．

緊急復旧工事は，上下流と同程度の堤防断面の確保を優先し，鋼矢板締め切りによる仮堤防が出来る場合にはこの方式とし，困難な箇所では川表に連結ブロック等を設置して対応した．また，それ以外の被災箇所では，堤防損傷箇所の切り返し，土砂充填等により緊急的な処置を施した．なお，震災直後は，重機等の燃料確保，矢板やブロック等の資材の確保が容易ではなく，工事着手が遅れた箇所もみられたが概ね予定通りに進捗させた．

以下には，被災から応急処置，緊急復旧の概況を例示する．

【事例1】　一級河川阿武隈川（枝野地区）
応急復旧・緊急復旧のポイントは3点であった．
①阿武隈川は6月1日から出水期となること．
②ブルーシート張による応急処置後，3月20日より緊急工事に着手し，5月14日に完了した．

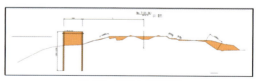

図-5.3.1　被災と復旧概略

概要版
以降は本編（CD-ROMに収録）をご覧ください

第6章 下水道施設

6.1 はじめに

平成23年3月11日に発生した東日本大震災から3年が経過したことろである．とりわけ平成25年度は復興元年として様々な復旧・復興事業が進捗している状況であった．

今回の大震災では，国民，県民にとって重要なライフラインの一つである下水道施設も大きな被害を受けた．管路と処理施設の復旧は，健全な市民生活を営む上で欠かせないものであり，一日も早い復旧・復興に向けてその歩が進められている．

本稿は，下水道施設の被害と復旧に関して報告するものであるが，中でも，多くの処理対象人口を抱える政令指定市仙台市での損壊には著しいものがあり，本報告では，下水道復興とともに南蒲生浄化センターの被害と復旧を中心に据えて報告として取りまとめる．

6.2 下水道施設の被災状況

6.2.1 東北地方の下水道施設の被害状況

下水処理場の稼働停止は，岩手県，宮城県，福島県および茨城県の沿岸にある下水処理場で発生し，全体で18箇所であった．

管渠は，管路延長65,000kmのうち，137市町村で約640kmで地盤沈降や液状化等により被災した（平成24年2月6日時点でのまとめ）．なお，管路被害には東北地方だけではなく関東地方と新潟県の一部が含まれる．

管渠の被害率では，東北地方が最も高い2.33%であり，その管路延長は約450kmにも及ぶ．なお，各県ごとの被害率割合は次の図-6.2.1および図-6.2.2に示す通りであり，全体のうち東北地方が占める被害の割合は約7割であった．（下水道地震・津波対策技術検討委員会報告書 平成24年3月より）

図-6.2.1 全被災都県別の被害割合

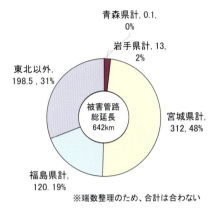

図-6.2.2 東北地方被災県別の被害割合

6.2.2 仙台市施設の被害状況

仙台市が管理する下水道施設は，地震に伴う津波により甚大な被害を受けた．各設備ごとに被害額をまとめると以下の表-6.2.1に示す通りである．（ただし，平成24年2月6日時点のまとめ）

表-6.2.1 仙台市下水道施設の被害状況

		申請額(百万円)	決定額(百万円)	査定率(%)	備考
公共下水道	管きょ	3,511	3,477	99.0	
	管きょ（協議設計）	6,290	6,257	99.0	
	ポンプ場	1,446	1,431	99.0	
	処理場	57,814	57,647	99.7	
	うち南蒲生浄化センター	57,728	57,561	99.7	2/2保留解除
	小計	69,061	68,812	99.6	
都市排水施設		747	747	99.9	
農業集落排水事業		885	881	99.5	
公設浄化槽		39	39	100.0	
その他（瓦礫撤去）		2,081	2,081	100.0	
合計		72,813	72,560	99.7	

6.3 仙台市下水道震災復興推進計画

6.3.1 計画の基本方針

仙台市では，東日本大震災からの復興に向け，平成24年11月に「仙台市震災復興計画」が策定され，この計画に基づき，被災を受けた下水道施設の早期復旧を図るとともに，復興を支える下水道構築のために平成25年3月に「仙台市下水道震災復興推進計画」を策定した．

本計画の基本方針は図-6.3.1の通りで，被災施設の復旧，災害に強い下水道，環境に優しい下水道の3本柱と

土木編 2　土木構造物の津波被害と復旧

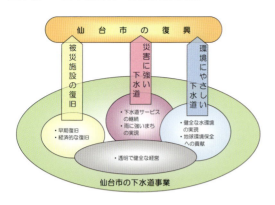

図-6.3.1　下水道震災復興推進計画のイメージ

写真-6.3.1　津波に襲われる南蒲生浄化センター

写真-6.3.2　場内の被災状況（主ポンプ室外壁の破損）

写真-6.3.3　場内の被災状況(破損した最初沈殿池機器類)

なっており，平成24年度から27年度までの4年間の事業計画を定めている．当然ながら本計画には南蒲生浄化センターの復旧も含まれており，復興推進計画上重要な位置づけとなっている．

現在，本計画に基づき，下水道関係職員が一丸となって復旧事業に取り組んでいるところである．なお，本計画の詳細については，仙台市ホームページを参照されたい．

6.3.2　南蒲生浄化センターの復旧方針
ここでは，南蒲生浄化センターの復旧に関して述べる．
(1) 南蒲生浄化センターの概要（震災前）

南蒲生浄化センターは，仙台市の約7割の市民の下水を処理する市内最大の下水処理場である．主な計画概要は以下に示す通り．

・計画処理人口　　　795,880 人
・処理能力　　　　　433,000m³／日最大
・処理方式　　　　　標準活性汚泥法
・計画放流水質　　　BOD15mg／ℓ
・流入幹線　　　　　第1及び第2南蒲生幹線

(2) 被害状況を受けての状況

東日本大震災により仙台市の下水道施設は大きな被害を被り，特に太平洋沿岸から300m程度の距離にあった南蒲生浄化センターは，津波の直撃を受けて処理機能が全て停止し，発災直後は復旧の見通しを立てることも難しい状況にあった．当浄化センターは100万都市仙台の約7割の市民の下水を一手に担う，いわば仙台市の下水道の心臓部にあたる施設であるため，1日も早い復旧が我々の命題となった．（写真-6.3.1～3参照）

なお，浄化センターでは甚大な被害が生じていること，処理場の新設も視野に入れること，また，復旧には相当の費用や人員そして技術を要すること等の点を考慮し，日本下水道事業団にその復旧を委託することを早々に決めた．

(3) 復旧方針の検討
a) 被害状況から判断した復旧方針

電気機械設備は津波による水没で甚大な損傷を受け，

212

主ポンプ棟や最初沈殿池等の土木建築物は基礎杭損傷や構造物傾斜が発生した．これらを考慮すると，災害復旧の基本である原形復旧が妥当であるとは必ずしも言えず，新設復旧も復旧方針の選択肢とした．

b) 南蒲生浄化センター復旧方針検討委員会の提言

膨大な復旧費用と長期の復旧期間が想定されることや将来に亘っての持続可能な処理場再構築などの復旧に向けた課題対応のため，「南蒲生浄化センター復旧方針検討委員会（委員長：東北大学大村達夫教授）」を設立し，処理技術や環境への影響，経営などの分野の有識者より復旧方針の提言があった．提言の概要は以下の通りである．

i) 段階的な水質向上への取組み

復旧には5年程度の期間を要するため，暫定処理期間では段階的水質向上に取り組むべきであり，その方策は現存施設利用等を考慮し接触酸化法の採用が合理的である．

ii) 無動力による簡易処理の継続

処理場に至るまでの地形要因や処理場内の施設配置により，無動力で自然流下による簡易処理機能が確保できる特徴を本復旧に生かす．

iii) 水処理施設の復旧位置

無動力での自然流下機能の確保や汚泥処理施設との位置関係，復旧期間，事業費の点や津波対策を考慮し，水処理施設の復旧位置は，現用地内とする．

iv) 津波対策

東日本大震災の津波高を基準として施設設置高さを上げる等の対策や維持管理作業員の安全確保の点から避難拠点を設置する．

v) 将来にわたる持続可能な処理場としての再構築

災害時の電力確保や環境負荷低減のため，省エネ機器導入や再生可能エネルギー（太陽光発電，小水力発電）導入に取り組むべきである．

c) 復旧（再構築）方針

i) 水処理施設

復旧検討委員会の提言に基づき，現位置での新設復旧とする．

新設施設は，津波対策，工期，経済性，維持管理性を考慮し，最初沈殿池及び最終沈殿池を2階層とし生物反応槽は深槽化することとした．施設概要を図-6.3.2に示した．また，段階的水質向上として，「下水道地震・津波対策技術検討委員会」の第2次提言を受け，「生物処理＋沈殿＋消毒」による処理方式へ移行するため，前曝気槽を利用して接触酸化法を導入する．

ii) 汚泥処理施設

水処理施設に比べて津波による被災が小さかったことから，原形復旧を原則とする．

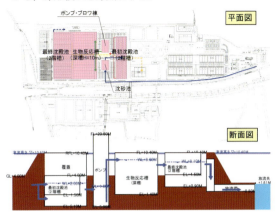

図-6.3.2 水処理施設の復旧概要図

6.3.3 段階的水質向上に向けて

南蒲生浄化センター再構築においては，復旧検討委員会提言に基づき段階的水質向上に向けた対応として，接触酸化法を導入することとした．その経緯等を以下に示す．

(1) 被災後の放流水質

被災後1週間で消毒の過程まで含めた簡易処理を行うことができたが，その後の半年間ほどの放流水質は**図-6.3.3**および**図-6.3.4**の通りである．

図-6.3.3 被災後の放流水質（BOD）

土木編2　土木構造物の津波被害と復旧

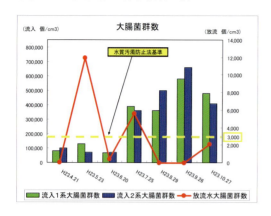

図-6.3.4　被災後の放流水質（大腸菌群数）

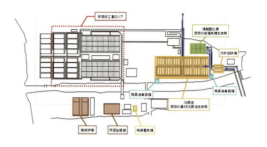

図-6.3.5　接触酸化実施箇所図

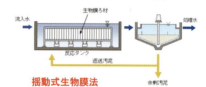

図-6.3.6　接触酸化の概略図

(2) 段階的水質向上策の選定

放流水質は，水質汚濁防止法の排出基準はクリアしているものの，被災前の水質には遠く及ばない状況であり，復旧までの5年程度の間この状況を放置することはできないため，特にBOD除去を主眼に水質向上策の検討を行った．

なお，使用できる現存施設が沈砂池，前曝気槽，最初沈殿池であることや維持管理の容易性，経済性等を考慮して導入策を選定した．

候補となった手法の一部を以下に示す．

案1：高速ろ過＋凝集剤添加

　　本法は，容量計算からBOD40mg／ℓ程度までの処理が期待できるが，凝集剤添加量によっては維持管理費が高騰することや発生汚泥量が多く見込まれること等の理由で不採択とした．

案2：担体法＋簡易処理

　　本法は流入の一部を前曝気槽において担体法で処理し，残りを最初沈殿池で簡易処理する手法であるが，前曝気槽の容量からBOD60mg／ℓ程度の水質確保が難しく，さらに建設費が嵩むこと等の理由で不採択とした．

案3：接触酸化法（揺動式生物膜）

　　本法は，前曝気槽において接触酸化（ひも状ろ材内に形成された生物膜で有機物を吸着分解する）を行い，最初沈殿池を最終沈殿池の機能として利用するものであり，他の手法に比して建設費，工期，維持管理費，水質，発生汚泥量の点で優位であることから採択することとした．

なお，接触酸化法の概要は次の通りである．（図-6.3.5～6および写真-6.3.4～7参照）

写真-6.3.4　接触酸化施設のユニット設置

写真-6.3.5　接触酸化施設のユニット設置の稼動状況

概要版
以降は本編（CD-ROMに収録）をご覧ください

第7章 おわりに

　第5編では，土木構造物の津波による被害の状況，被害のメカニズム，復旧等について述べた．我が国で近代文明が発達して以降，最も広域にわたっての自然災害と言ってよく，復旧，復興の作業が現時点でも各地域で続けられている．一日も早い復旧の完了と力強い復興がなされるよう，祈念する．

　多くの犠牲者に報いるためにも，津波により生じた被害の原因の分析がさらに重ねられ，土木構造物の設計，施工，既存構造物の補修・補強等に適切にフィードバックがなされ，我が国土が強靭化するよう，今後も関係各位のご尽力が非常に重要である．本報告書がその一助になれば幸いである．

　本報告書は，ご多忙の中，執筆いただいた方々の真摯なご協力があって完成したものであり，ここに深謝いたします．

　東日本大震災により命を落とされた方々のご冥福を，心からお祈りいたします．

東日本大震災合同調査報告

- ■共通編（3編）
  - 共通編1　地震と地震動　　　　　（幹事学会：日本地震工学会）
  - 共通編2　津波の特性と被害　　　（幹事学会：土木学会）
  - 共通編3　地盤災害　　　　　　　（幹事学会：地盤工学会）
- ■土木学会（8編）
  - 土木編1　土木構造物の地震被害と復旧
  - 土木編2　土木構造物の津波被害と復旧
  - 土木編3　ライフライン施設の被害と復旧
  - 土木編4　交通施設の被害と復旧
  - 土木編5　原子力施設の被害とその影響
  - 土木編6　緊急・応急期の対応
  - 土木編7　社会経済的影響の分析
  - 土木編8　復興
- ■日本建築学会（11編）
  - 建築編1　鉄筋コンクリート造建築物
  - 建築編2　プレストレストコンクリート造建築物／鉄骨鉄筋コンクリート造建築物／壁式構造・組積造
  - 建築編3　鉄骨造建築物／シェル・空間構造
  - 建築編4　木造建築物／歴史的建造物の被害
  - 建築編5　建築基礎構造／津波の特性と被害
  - 建築編6　非構造部材／材料施工
  - 建築編7　火災／情報システム技術
  - 建築編8　建築設備・建築環境
  - 建築編9　建築社会システムと震災／集落計画
  - 建築編10　建築計画
  - 建築編11　建築法制／都市計画
- ■地盤工学会（3編）
  - 地盤編1　地盤構造物の被害，原因検討，復旧
  - 地盤編2　被災調査の記録
- ■日本機械学会（1編）
  - 機械編
- ■日本都市計画学会（1編）
  - 都市計画編
- ■日本地震工学会・日本原子力学会（1編）
  - 原子力編
- ■総集編（1編）
  - 総集編・資料編　　　　　　　　（幹事学会：日本建築学会）

東日本大震災合同調査報告書編集委員会

委 員 長　和田　章（東京工業大学名誉教授、日本建築学会）
副委員長　川島一彦（東京工業大学名誉教授、日本地震工学会）
委　　員　日下部治（茨城工業高等専門学校校長、地盤工学会）
委　　員　末岡　徹（大成建設（株）土木本部技術顧問、地盤工学会）
委　　員　岸田隆夫（地盤工学会専務理事、地盤工学会、2013年1月10日～）
委　　員　阪田憲次（岡山大学名誉教授、土木学会）
委　　員　佐藤愼司（東京大学教授、土木学会）
委　　員　白鳥正樹（横浜国立大学名誉教授、日本機械学会）
委　　員　中村いずみ（防災科学技術研究所主任研究員、日本機械学会）
委　　員　長谷見雄二（早稲田大学教授、日本建築学会）
委　　員　壁谷澤寿海（東京大学地震研究所教授、日本建築学会、2013年4月1日～）
委　　員　平石久廣（明治大学教授、日本建築学会、～2013年3月31日）
委　　員　平野光将（元東京都市大学特任教授、日本原子力学会）
委　　員　田所敬一（名古屋大学准教授、日本地震学会）
委　　員　岩田知孝（京都大学防災研究所教授、日本地震学会）
委　　員　若松加寿江（関東学院大学教授、日本地震工学会）
委　　員　本田利器（東京大学教授、日本地震工学会）
委　　員　高田毅士（東京大学教授、日本地震工学会）
委　　員　後藤春彦（早稲田大学教授、日本都市計画学会、～2014年10月9日）
委　　員　竹内直文（（株）日建設計顧問、日本都市計画学会）
委　　員　中井検裕（東京工業大学教授、日本都市計画学会、2014年10月9日～）

事務局　　伊佐治敬（地盤工学会）
　　　　　富田俊行（土木学会）
　　　　　大室孝幸（日本機械学会）
　　　　　今井　浩（日本建築学会）
　　　　　荒井滋喜（日本原子力学会）
　　　　　中西のぶ江（日本地震学会）
　　　　　吹野美絵（日本地震工学会）
　　　　　吉田　充（日本都市計画学会）

（学会名アイウエオ順）

定価（本体 6,000 円＋税）

東日本大震災合同調査報告
土木編 2　土木構造物の津波被害と復旧

平成 27 年 3 月 31 日　第 1 版・第 1 刷発行

編集者……東日本大震災合同調査報告書編集委員会
　　　　　　委員長　和田　章
発行者……公益社団法人　土木学会　専務理事　大西　博文

発行所……公益社団法人　土木学会
　　　　　〒160-0004　東京都新宿区四谷 1 丁目（外濠公園内）
　　　　　TEL　03-3355-3444　FAX　03-5379-2769
　　　　　http://www.jsce.or.jp/
発売所……丸善出版株式会社
　　　　　〒101-0051　東京都千代田区神田神保町 2-17
　　　　　TEL　03-3512-3256　FAX　03-3512-3270

©JSCE2015／Joint Editorial Committee for the Report on the Great East Japan Earthquake Disaster
ISBN978-4-8106-0862-5
印刷・製本・用紙：シンソー印刷（株）

・本書の内容を複写または転載する場合には、必ず土木学会の許可を得てください。
・本書の内容に関するご質問は、E-mail（pub@jsce.or.jp）にてご連絡ください。